这碗兰州牛肉面

兰州牛肉拉面行业协会◎主编

中国商业出版社

图书在版编目（CIP）数据

这碗兰州牛肉面 / 兰州牛肉拉面行业协会主编.
北京 ： 中国商业出版社， 2025. 9. -- ISBN 978-7-5208-3585-5

Ⅰ. TS971.29

中国国家版本馆CIP数据核字第2025KS1791号

责任编辑：葛　伟

中国商业出版社出版发行

（www.zgsycb.com　100053　北京广安门内报国寺1号）

总编室：010-63180647　编辑室：010-83118925

发行部：010-83120835/8286

新华书店经销

北京盛通印刷股份有限公司印刷

*

880毫米×1230毫米　16开　14印张　138千字

2025年9月第1版　2025年9月第1次印刷

定价：128.00元

* * * *

编 委 会

序

兰州，是一座具有悠久历史文化的城市，西汉时设立县制。据记载，因初次在这里筑城时挖出金子，故取名金城。还有一种说法是依据“金城汤池”的典故，喻其坚固。两汉、魏晋时在此设置金城县。583年（隋开皇三年），隋文帝废郡置州，在此设立兰州总管府，“兰州”之称，始见于史册。后来虽然州、郡数次易名，但兰州的建置沿革基本固定下来，相沿至今。

丝路明珠。早在2000年前，西汉张骞经兰州出使西域，开辟了贯穿亚欧大陆、连接东西方的丝绸之路，使兰州成为丝绸之路的交通要道、“茶马互市”和商埠重镇，在沟通和促进中西方经济文化交流中发挥了重要作用。

黄河之都。兰州是黄河唯一穿城而过的省会城市。沿河而建的兰州水车雄浑粗犷、独具特色；中山铁桥是第一座横跨黄河的铁桥，被称为“天下黄河第一桥”；黄河母亲雕塑是黄河文化和中华民族母亲形象的代表。

文化圣地。源远流长的黄河文化、丝路文化、中原文化、西域文化在这里交相辉映。兰州牛肉面制作技艺是国家级非物质文化遗产代表性项目。

百年非遗，一碗沧桑。兰州牛肉面制作技艺成为国家非遗手艺，这一碗面是百年传承与现代味蕾的交响。遍布全国、星罗棋布的面馆走得再远，都不能忘记兰州才是这碗面的根源和灵魂。没有哪一座城市像兰州这样，透过“一碗面”就能体味到这个城市的精神，也没有哪一座城市像兰州这样，能把“城市名称”和“一碗面”深深联系在一起，串起一座城市的文化史与烟火气。

无论是开店数量，还是产业规模，这一碗面都是名副其实的“中华第一面”，成为享誉国内外的中华美食名片，也承载着兰州人的日常、兰州文化的味蕾、兰州人的情怀。

为了使海内外进一步加深对兰州牛肉面的了解，深化对中华美食文化的认知，进一步增强文化自信，我们全面收集、整理了兰州牛肉面发展过程中的每一个脚步、每一个细节、每一次节点、每一次变革，致力于全面、精准地展现兰州牛肉面的发展历程，了解过去、认识现在、放眼未来，弘扬兰州牛肉面文化，发掘好、展示好兰州这一亮丽的名片，宣传好兰州悠久的历史文化、彰显出兰州的新型城市形象。

本书将成为兰州牛肉面的历史记录，成为兰州牛肉面文化中的一个重要因子，成为兰州历史的珍贵回忆，成为弘扬中华饮食文化的一座桥梁。

在此，诚挚地感谢对兰州牛肉面有深切情怀，并为本书作出奉献的各位领导和老师！

目 录

第一章

诞生于古城市井巷陌

一、兰州牛肉面的历史文化底蕴

兰州早在2200年前就是一级管辖机构。前214年，秦朝于现兰州市东岗镇设置榆中县。西汉武帝时期，兰州是西域都护府和河西四郡节度使所在地。唐代长庆年间，设立兰州城。明代，设兰州卫，后更名为兰山府。

1399年，明肃王由甘州（今张掖）移藩到皋兰（今兰州），兴建了肃王府，位置就在今甘肃省政府、兰州市委一带。肃王入驻后，带来了大量人流，进行了一系列规划建设，兰州城的经济、文化以及城市建设有了快速发展。1665年，甘肃巡抚衙门从凉州（今武威）迁至兰州，兰州成为甘肃省的政治、经济中心。《兰州府志》记载，兰州府东西距460里，南北距760里。陕甘总督府、甘肃布政使司、兰州知府、皋兰县均驻跸兰州。历经数代变迁，兰州逐步发展成为我国西北地区重要的区域性政治中心、经济中心和军事重镇。

明肃王时期，兰州人口数量渐渐形成规模。1887年，左宗棠平定西北，社会趋于稳定，兰州人口达到49万人。到20世纪初，兰州人口突破百万人。

人口的大量增加，推动了市场的不断繁荣。民以食为天，餐饮行业陆续形成规模。《兰州文史资料（第三辑）》对清末至20世纪30年代兰州重要商行的统计中，与餐饮相关的包括粮行30余家、酒房（包办酒席的大食堂）20余家、油店20余家、海菜行（供应糕点及酱菜）40余家。虽然没有提及牛肉面或者热锅子面，但是牛肉面出现的市场需求和物质条件在这一时期已经具备。

兰州的地理位置处于农牧业过渡地带，由此形成了牧业和农业相混合的饮食文化。多元化的民族融合，为兰州饮食的多元化发展奠定了坚实的基础。自明朝开始，兰州人的日常生活中对牛羊肉有着巨大的传统需求。

长期以来，牛肉面使用的食材有甘南和天祝一带藏族牧民养的高原生态牦牛牛肉，是纯天然、无污染、高品质的健康肉品；有兰州北山农民种植的禾尚头小麦，兰州城郊菜农种的白萝卜、羊角辣子、香菜、蒜苗；还有从内蒙古的雅布赖用骆驼运来的白盐。这些都是极好的食材原料。好原料加上精细的制作工艺，做出来的牛肉面汤清、肉烂、面筋道、味道香。

随着时代的变迁，兰州牛肉面结合本地的资源特色，适应人民的生活需求应运而生。兰州牛肉面“大众性、可口性、营养性、卫生性、艺术性”兼具，蕴含了“以味为本”的美食追求和“崇尚自然”的饮食哲学。兰州牛肉面深厚的历史底蕴和文化底蕴就体现在百年发展的反复沉淀，食材的地域融合、经营的民族融合、色香味的感官融合，以及现场制作中艺术性与观赏性的融合上。

二、马保子与热锅子牛肉面

说起兰州牛肉面的起源，就离不开其创始人马保子。马保子（1870—1955）自幼家境贫寒，无力求学，年少时就承担起养家糊口之责，由于生活所迫，走上了创业谋生的道路。清朝光绪年间，马保子观察到兰州城逐渐增多的人流对吃饭的需求，首创制作了“热锅子牛肉面”，开始在街头挑着扁担叫卖。

“热锅子”是一种凉面、热汤汁的简易做法。马保子在家先熬制好汤，并准备好配菜；在制作汤的过程中，把煮过羊肝的汤兑入锅中，用其来提香；和面时，加入用蓬灰烧制的蓬灰水，这种碱性物质可以使面团更具有弹性、更有韧劲；面煮熟后加入熟清油拌好，再装入盘，盛在木箪子里。出门时，他一头挑着火炉和汤锅，另一头则装着凉面、碗筷、制好的牛肉丁、萝卜以及其他配菜、调料。每当遇到有顾客光顾，他就把面条煮好盛到碗中，加入牛肉汤、配菜，热情地端给客人。

热锅子牛肉面以其独特的口感和味道，陆续开始赢得众多食客的喜爱。随着口味的改进、客源的增多、销售量的扩大，最初沿街叫卖、品种单一的热锅子面已经无法满足需求。马保子经过反复的创新演变，将面的制作方法不断完善，面的形状能拉出粗、细、宽、窄等多种形状，能做汤面食用，最早的“兰州牛肉面”现出雏形。

1919 年，马保子在兰州市东城壕北口租了一间店铺，添置了灶具，搭建了台子和案板，开始经营牛肉面馆。同时，其次子马杰三（1900—1973）也跟着他学习手艺。父子俩非常用心地去经营面馆，亲手煮制那一碗碗热气腾腾的清汤牛肉面。

马保子性格敦厚，为人朴实，做生意讲究诚信，态度和善，注重顾客的感受。顾客一进门，店小二迎面用马保子特意购置的青花瓷小宫碗，盛上清香扑鼻、汁色清亮的牛肉汤。这就是最初的兰州牛肉面“进门一碗汤”。“进门一碗汤”又叫“拴马桩”，意思就是拴住顾客的心，留住顾客的身。顾客喝完汤后，店小二就会为他们送上美味的面条。顾客吃完面后，站起身来，打个饱嗝，清鲜爽口回味悠长。这时，食客顿感舒坦，兰州话叫“满福”。在马保子的热情努力下，牛肉面馆的生意逐渐兴隆，也吸引了越来越多的食客。

马保子为什么会选择在东城壕租店铺呢？店铺需要选择有人流的地段。当时的东城壕周边会馆林立，人来人往，商业氛围浓厚，是做生意的好地段。根据《清光绪甘肃省会城关全图》和《民国十三年（1924年）甘肃省城全图》的记载，东城壕位于内城东北角、紧邻督署东侧，分布着陕西会馆、山陕会馆、江南会馆新馆等会所。这些会馆既具有社会性，又具有经济功能，地处内外城的连接处，交通位置极为便利，既是内城士绅享受高雅休闲的场所，也是外城乃至乡下百姓享受公共娱乐的空间，吸引了较多的顾客，具有较大的人流量，在这里开设牛肉面馆再合适不过了。

到了1925年，马保子的牛肉面馆生意日渐兴隆，为了把生意越做越大，他让25岁的次子马杰三接手经营，进一步扩大了办店规模，将原来相对偏僻狭窄的老店搬迁到了更加繁华热闹、行人众多的南关什字北侧，即现在“八路军办事处”后面的位置。

当时的南关是兰州城商业最繁华、最集中的地方，行栈就设在这里，各类货栈、铺面云集，人流涌动。富商大贾及庄客都附寓在各类行栈后院，名曰“字号房”，如京货行的新民公司、明义号，杂货行的蔚泰长、泰元涌、世裕号等。

新的牛肉面馆租的是二层楼、四间砖木结构门面房，以楼房下的两间作为店铺门面，楼下是厨房和灶台，楼上待客。由于这个位置靠近省府，属于南关的繁华地段，因而吸引了不少达官贵人、富商豪客来此吃面。这个新店在当时的兰州已经是招待客人很有面子的饭馆了，慕名而来的客人络绎不绝，兰州牛肉面的名气越来越响，声誉很快传播开来。

虽然店面不断扩大，生意日益兴旺，但马保子经营的牛肉面在质量上却毫不放松，用马杰三的话说，“汤要清者亮，肉面烂者香，面要细者长”。马保子坚持真材实料，绝不偷工减料。他仍然坚持每天“以汤销面”，没有牛肉清汤时，宁可让顾客虚行一次，也绝不马虎凑合。把汤作为牛肉面的核心，这也是兰州牛肉面能够长期赢得顾客信赖，得以不断传承发展的精髓。

文献资料对马保子牛肉面多有记载，近代文学名人唐鲁孙《酸甜苦辣天下味》中的文章《清醥肥羜忆兰州》中记载：“马保子（牛肉面馆）是一座没有招牌不挂门匾的砖砌的小楼，楼上待客，摆了几张小八仙桌、几把矮条凳儿，墙上倒是挂了不少名人写的对联条幅。此外，除了碗筷、油瓶、醋罐，空无所有。……楼梯扶手、方桌板凳都磨得锃光瓦亮，楼下厨房倒是收拾得挺干净，灶台旁边有一张长条案，上面放着一团一团有鸭蛋大小揉好的面剂子，放在一边儿醒着，让水面慢慢交融。”

从沿街叫卖到租得二层小楼，不变的是兰州牛肉面的味道，变的是因为生意兴隆带来的档次提升，也形成了兰州牛肉面馆最早的雏形。

三、兰州牛肉面的秘籍

兰州牛肉面的制作离不开一样东西，那就是蓬灰。兰州牛肉面的历史渊源也可以从蓬灰的食用起源和发展踪迹谈起，这可以说是制作美味可口、滑亮筋道的兰州牛肉面的一个秘籍，外地人对此比较生疏，而兰州本地的牛肉面老饕们个个耳熟能详。

蓬灰是由蓬草烧制提取而成。蓬草，别名蛛丝蓬、灰蓬、水蓬、蓬蒿等，分布于甘肃、内蒙古、青海、新疆、宁夏等地，生于草原、半荒漠和荒漠地带的盐碱地、干旱山坡、沙地边缘和山前平地，在盐渍化程度严重的砂质撂荒地生长旺盛。其耐干旱，耐盐碱，具有聚盐特性，植株内富含盐分。

蓬灰在元末明初时就已有食用历史。据民间记载，元末将领扩廓帖木儿（汉名王保保）在1369年（明洪武二年）与明军在兰州对峙时，因夏来酷热干旱，严重缺水，士兵雨后取马蹄踏过之坑中水食用。士兵偶然发现马踩坑中蓬草泡过的水用来和面滋润光滑，筋道口感好。士兵便有了夏时食用蓬草、秋末冬来时用蓬草烧制“草灰”（今蓬灰）以供制作面食食用的习惯。此后，兰州有了王保保城。王保保城西南起自靖远路，东北至王家沟与朝阳村交接处，其在黄河北岸之旧址，今犹有残存。

明太祖朱元璋的第五子朱橚所著的《救荒本草》，是一部专讲地方性植物并结合食用方面以救荒为主的植物志。其中，碱蓬就是蓬草。该书记载：“碱蓬，一名盐蓬。生水傍下湿地，茎似落藜，亦有浅楞，叶似蓬而肥壮，比蓬叶亦稀疏。茎叶间结青子，极细小。碱地多有之。”

自明、清之后，兰州地区的老百姓在生活中烧制蓬灰日益广泛，并且在蓬灰使用上有所发展和改进，不仅作为日常饮食之用，而且同时带来了经济收益，冬季割收野草蓬和种植蓬草烧制蓬灰成为老百姓的创收来源之一。

靠近兰州的皋兰、永登、古浪均是生长蓬草的天然资源地，烧制蓬灰具有悠久的历史。根据用途，烧制蓬灰的技巧不断提高，根据烧制出的成品类型分为娃娃灰、虎皮灰、青灰、藏蓝灰、老灰、新灰等。北方老百姓和面通常用盐和碱，有称“盐是骨头，碱是筋”的说法，但是兰州地区和面传统上使用天然蓬灰水，使蓬灰水拉的面富有弹性，具有滋润、光滑、筋道、口感宜人的特点。

1958 年，全国大炼钢铁。为了支持生产，甘肃省商业厅于当年 10 月下发《关于压缩食用纯碱供应支援炼钢的通知》，减少食用碱，鼓励以蓬灰替代食用纯碱，自此蓬灰在牛肉面行业的应用更加普遍。

甘肅省商業廳

关于压縮食用純碱供应支援煉鋼的通知

(58)商民器字140／2106號

1958年10月10日

为了全力支持鋼鉄元帅升帳經研究决定：今后純碱供应，首先保証煉鋼的需要。在这个原则下适当安排一般工業和民用。希各縣市具体研究，采取措施，安排食用純碱，以土碱、冰碱、蓬灰等代替一部。各專署、自治州商業局（处）要了解并掌握各縣庫存以便在本專区适当調剂，供应重点煉鋼地区。各生產、民用二級站，將現有庫存及四季度貨源于接文三日內报达本廳，統一調度权衡供应，蘭州市庫存报市委鋼鉄办公室抄送本廳一份。特此通知，希即执行。

甘肃省商业厅下发《关于压缩食用纯碱供应支援炼钢的通知》

四、声名鹊起赢得赞誉

一碗诱人的兰州牛肉面，“一清（汤清）、二白（萝卜白）、三红（辣椒油红）、四绿（香菜、蒜苗绿）、五黄（面条黄亮）”。雪白的面条柔韧有嚼劲，仿佛一团银丝。它的味道鲜美，每一口都让人回味无穷，令人垂涎欲滴，仿佛每一根面条都充满了它的魅力。上面淋上清透浓香的牛肉汤，那浓郁的汤味刺激着人们的味蕾。汤面上漂浮着红艳的辣椒油和翠绿的芫荽或蒜苗，那红绿相间的颜色让人食欲大增，那香气扑鼻的味道让人瞬间被吸引。汤中还有萝卜片和熟牛肉丁，那醇香的味道让人陶醉，那鲜美的口感让人欲罢不能，每一口都让人回味无穷。

历史名人、社会贤达、文人墨客乃至达官显贵吃过兰州牛肉面后，纷纷赞不绝口。曾于清光绪年间任翰林院编修，后回到兰州任甘肃高等学堂总教习的五泉山人——刘尔炘先生就题写了联匾。右联：“忆往昔贵客闻香下马”；左联：“看今朝嘉宾知味停车”。这就是兰州牛肉面“知味停车”的来由。

清代张澍诗中写道：“雨过金城关，白马激溜回。几度黄河水，临流此路穷。拉面千丝香，惟独马家爷。美味难再期，回首故乡远。日出念真经，暮落白塔空。焚香自叹息，只盼牛肉面。”

1932 年，近代文学名人唐鲁孙曾来到兰州。在他的文章《清醺肥羜忆兰州》中说道：“我们去西北考察，在上海出发之前，就听说兰州有一家天下闻名的牛肉面馆，叫‘马保子’，这家小面馆就开在省府广场左首，走几步就到。”并用“清醺肥荷，自成清逸，汤沈若金，一清到底”

十六字来形容兰州牛肉面。

1946 年 9 月，近代书法家于右任自新疆来兰州，停留两日，品尝了马保子牛肉面，曾留下墨宝“回味无穷”流传后世。

五、新中国成立初期牛肉面的变迁

1949 年 8 月 26 日，兰州市解放，城市获得新生，兰州牛肉面也迎来了新的发展时期。新中国成立初期，兰州市的服务行业还是比较少的，服务网点大部分集中在现城关区和七里河区一带。

根据《解放初期兰州市商业复业户数统计表》，截至 1950 年 5 月 31 日，兰州各类商业户数 4405 家。其中，饮食业从新中国成立前的 38 家，增加到了 311 家，但只有马保子一家做清汤牛肉面。

马保子的牛肉面馆作为当地有名的美食餐饮小吃，在工艺上不断研究，烹调上注重创新，质量上不断提高，特别在牛肉汤的“清”字上下功夫，在“味”字上求发展，在“质”字上求实效，在“信”字上求市场。其生意越做越红火，名声传遍了兰州城，使更多的人慕名而来。

1956 年，国家通过公私合营等形式，逐步将私营工商业纳入社会主义经济体系，这不仅是生产关系的深刻变革，更是实现社会主义工业化的重要步骤。全国上下积极响应，各行各业都在经历着从私有制向公有制转变的历史性跨越。正是在这样的时代浪潮推动下，马杰三凭借着对国家政策的深刻理解，毅然决定将自家苦心经营多年、承载着家族心血与记忆的店面，合并到公有制的“兰州市饮食公司”，为社会主义经济体

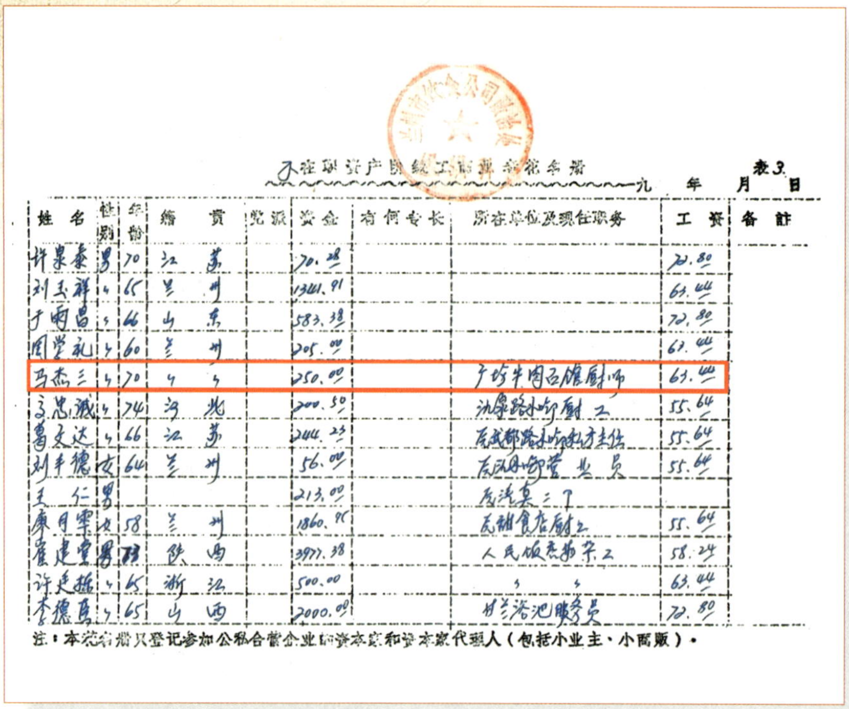

在职资产阶级工商业者花名册　　　　　　　　表3
一九　　年　　月　　日

姓名	性别	年龄	籍贯	党派	资金	有何专长	所在单位及现任职务	工资	备註
许泉泰	男	70	江苏		70.28			72.80	
刘玉祥	〃	65	兰州		1341.91			63.44	
于雨昌	〃	66	山东		583.38			72.80	
周学礼	〃	60	兰州		205.00			63.44	
马杰三	〃	70	〃 〃		250.00		广场牛肉面馆厨师	63.44	
[illegible]忠诚	〃	74	河北		200.50		酒泉路小吃部厨工	55.64	
葛文达	〃	66	江苏		244.23		[illegible]	55.64	
刘丰德	女	64	兰州		56.00		[illegible]	55.64	
王仁	男				213.00		[illegible]		
康月[illegible]	女	58	兰州		1860.96		[illegible]甜食店厨工	55.64	
崔建堂	男	73	陕西		3977.38		人民饭店[illegible]	58.24	
许廷振	〃	65	浙江		500.00		〃 〃	63.44	
李德[illegible]	〃	65	山西		2000.00		甘兰浴池服务员	72.80	

注：本花名册只登记参加公私合营企业的资本家和资本家代理人（包括小业主、小商贩）。

马杰三在兰州市饮食公司登记的花名册

系的构建贡献力量。他先后在公司张掖路商店清真一部、酒泉路商店清真二部工作。其间，他根据公司的统一安排，通过集体培训，积极传授自己的牛肉面制作技艺，为公司培养了一大批牛肉面面匠，分配到了各个饮食门店，扩大了兰州牛肉面的经营规模。

1961 年，兰州市对服务网点布局重新作了研究，合理调整和适当增加饮食服务网点，设立了 5 个合作食堂，选择 16 个门店（城关 12 个，七里河、西固、永登、红古各 1 个）增加了兰州牛肉面品种。

1962 年，马杰三到酒泉路中央广场牛肉面馆工作，这里成了他工作时间最长的单位。中央广场牛肉面馆后来改名为“兰清阁”。这一时期的中央广场牛肉面馆会聚了很多位兰州牛肉面的传承人，如马尚文、李学义、周福元、陕兴发、马学明、马文斌等。这些人通过传帮带，培养了大量的新人，使兰州牛肉面制作技艺得到了不断传承和发展。

1976 年，兰州市商业局提出要“积极创造条件，在城区和工矿区提高牛肉面的质量和更多恢复一些甘肃特点的小吃品种”。根据广大市民对兰州牛肉面的喜好，国营饮食门店也开始灵活增加兰州牛肉面经营品种。兰州市饮食公司和区饮食公司下属的兰清阁、清雅居、禄益轩、伊清斋、鸿宾楼、民族餐厅、兰园牛肉面馆、新桥食堂、广武门食堂等 30 多家国营网点陆续增加了牛肉面的经营，一时间顾客盈门，广受市民的喜爱。

第二章

改革春风赋予新的生命

一、民营经济快速发展

1979年4月，国务院批转的《关于全国工商行政管理局长会议的报告》明确提出，允许有正式户口的闲散劳动力在取得业务主管部门同意后，从事修理、服务和手工业等个体劳动。因为牛肉面工艺简单、成本低、人员少、物美价廉，好经营、易管理，符合发展个体经营的各项要求，兰州市政府根据国家相关政策精神，鼓励没有工作的人员开办牛肉面馆，组织返城青年学习清汤牛肉面的制作。这一时期，兰州牛肉面得到了较快的发展。大量人员在牛肉面行业就业，为稳定社会、满足供应、发展经济发挥了重要作用。

1980年以后，随着改革开放的不断深入，民营企业发展步伐不断加快，餐饮行业也迎来了重大变革期。在市场经营主体中，个体经营者逐步增多，成为市场经济的一支不容忽视的重要力量。在这个大背景下，个体经营的牛肉面馆涌现。马子禄、马有布、马有才、苍鹰、吾穆勒、德元、有德、达姆、磨沟沿、陈作林陈记、国仁等字号的牛肉面馆，如雨后春笋般陆续出现在兰州的大街小巷，并受到市民的青睐。

为了深化商业企业改革，转换经营机制，增强企业活力，1993年《甘肃省人民政府批转省体改委等部门关于国有小型商业企业实行国有民营的意见的通知》（甘政发〔1993〕59号）发布，对小微国有企业实行所有权和经营权分离的国有民营改革，主要在固定资产少、流动资金少、人员少的小型国有零售、饮食服务企业实行，主要形式为国有资产的营业网点由员工租赁、承包经营。改革后实行独立核算、照章纳税、自主经营、自负盈亏。兰州市政府大力推进中小企业改革，饮食公司的大量国有餐饮网点，包括牛肉面馆，全部实行了租赁、承包经营。马子禄就在这时候借改革的东风，正式起名“马子禄牛肉面”，开始了自主经营。

1997年11月，兰州市委、市政府进一步深化国有企业改革，在大中型企业推行公司制建立现代企业制度，在中小型企业仿照山东诸城模式，推行以股份合作制为主要形式的产权制度改革。兰州市饮食公司所属各个门店按照小型企业的模式，全面实行了股份合作制改革，国有员工置换身份变为股份制企业的股东，国有牛肉面馆变为民营企业，百余户餐饮网点转变为股份合作制企业，员工成为企业的主人。借着产权制度改革的大潮，兰州牛肉面行业的民营经济得到了快速发展。

改革以后，企业拥有了市场经营的自主权，产权制度改革则使个人利益和集体利益紧密地挂起钩来,企业经营的好坏直接决定了个人的“钱袋子”和“饭碗子”。因此，企业经营积极性得到极大的调动，市场活力得到最大程度的激发，企业经营状况快速好转。

二、兰州牛肉面行业渐入正轨

进入20世纪90年代，为了推动第三产业稳步发展，从国家到地方，对服务行业特别是关系百姓基本生活的饮食行业给予大力支持。兰州市政府相关部门开展了一系列工作，通过等级评定、举办大赛、职称评级、技师培训、技能考核、树立示范等途径，逐步规范兰州牛肉面馆的经营行为和服务规范，引导和鼓励经营企业和门店提高卫生质量，杜绝脏乱差现象，为广大市民消费者提供优质的产品和服务。自此，兰州牛肉面的经营逐步走向了正轨。

1989 年 10 月，兰清阁牛肉面馆的马文斌参加甘肃省名优小吃评比，制作的清汤牛肉面获得“甘肃省名特小吃”称号。

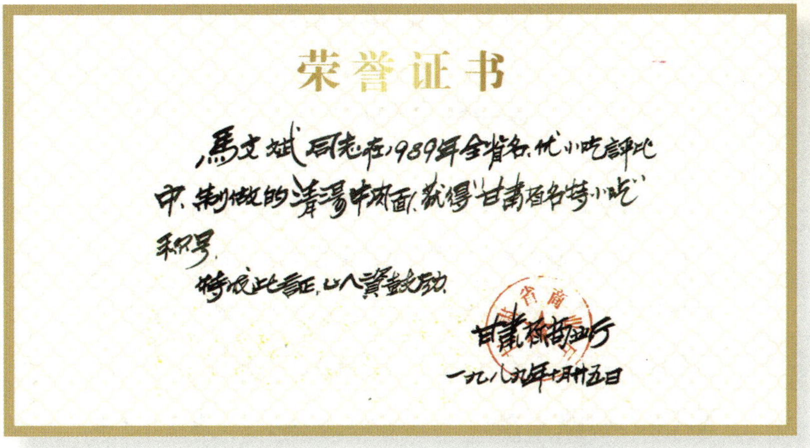
荣誉证书

馬文斌同志在1989年全省名、优小吃評比中，制做的清湯牛肉面，獲得“甘肅省名特小吃”稱号。

特發此証，以資鼓勵。

甘肅省商業廳

一九八九年十月廿五日

马文斌参加甘肃省名优小吃评比获得的奖状

1991 年 5 月，商业部在郑州举办全国名优小吃大赛，兰清阁牛肉面馆派出周福元、马文斌代表甘肃省参加，并获得了最高奖项“金鼎奖”，填补了甘肃饮食业小吃未获过大奖的空白。

1991 年 6 月，兰州市第二商业局下发《关于对马子禄、马如仓等 43 名同志小吃单项技术职称的批复》（兰二商字〔1991〕138 号），根据兰州市饮食公司兰饮业字（91）第 016 号“关于饮食业授予马子禄、马如仓等 43 名同志小吃单项技术职称的报告”，同意经兰州市饮食业业务技术职称考评委员会评定马子禄、周福元、周亚古等 3 人为二级拉面师，马文斌等 22 人为三级拉面师。

兰州市第二商业局

关于对马子禄、马如仓等43名同志小吃

单项技术职称的批复

兰二商业字（1991）138号

市饮食公司：

你司兰饮业字（91）第016号“关于饮食业授予马子禄、马如仓等43名同志小吃单项技术职称的报告”收悉。经研究同意受局委托的兰州市饮食业业务技术职称考评委员会审定的意见（名单附后），请予宣布并通知本人。至于津贴问题，从批复之日起，按原市局兰商劳字（1980）第669号文件规定执行。

附：单项小吃技术职称名单

一九九一年六月五日

兰州市第二商业局下发《关于对马子禄、马如仓等43名同志小吃单项技术职称的批复》

单项小吃技术职称名单

二级拉面师3名

酒饮禄益轩	马子禄
酒饮兰清阁	周福元
张饮伊清斋	周牙古

二级河州包子师1名

张饮清雅居	马如仓

三级拉面师22名

西固饮食公司	马希贤
酒饮禄益轩	李兴中
张饮永春餐馆	何存举
酒饮禄益轩	马玉兰
酒饮禄益轩	张建国
酒饮兰清阁	马文斌
盘饮王家庄二部	郑新兰
盘饮鸿宾楼	冉世全
盘饮兴陇小吃部	韩建军
张饮生煎包子馆	张振德
西固饮食公司	马希俊
酒饮兰清阁	赵　鹏
张饮永春餐馆	墨锡远
西固饮食公司	马兰泉
盘饮鸿宾楼	周万军
盘饮兴陇小吃部	余江林
西固饮食公司	马希祥
七饮努力餐馆	张晋陇
西固饮食公司	曹新生
张饮永春餐馆	赵新民
酒饮涌泉食堂	陈玉林
西固饮食公司	马丽珍

三级元宵师7名

张饮天津风味馆	刘小梅
张饮天津风味馆	查玉梅
酒饮景扬楼	杨海全
张饮盐场路食堂	石宝军
张饮甜食店	白秀兰
张饮甜食店	刘芳明

单项小吃技术职称名单

1992 年 9 月，在首届中国丝绸之路节盛大开幕之际，为进一步活跃饮食业市场和繁荣地方风味品种，使兰州牛肉面以其正宗的传统特色和崭新的面貌迎接中外宾客，兰州市第二商业局、工商局、物价委员会制定了《兰州牛肉拉面指定供应点名单》，筛选了一些店面亮丽、品质优良、卫生整洁的牛肉面餐馆，作为接待四方宾朋的窗口。

兰州市物价委员会

关于放开"兰州牛肉拉面指定供应点"议价牛肉面

价格的通知

兰价农字（92）第81号

市二商局、市工商局、市粮食局，各县、区物委：

为了进一步活跃我市饮食业市场和繁荣地方风味品种，充分发挥价值规律的作用，经研究并报请市政府领导同意，决定从即日起放开"兰州牛肉拉面指定供应点"的议价牛肉面价格，实行市场调节，按优质优价的原则，由企业自主定价。现就有关问题通知如下：

1. 此次放开价格的经营门店，只限于丝路节商贸活动指挥部评定的三十家"兰州牛肉拉面指定供应点"（名单见后）。其它门店仍执行现行规定限价，不得突破。

2. 上述各经营门店，必须严把质量关，不断提高质量和服务态度，使兰州牛肉面供应水平更上一个新的台阶，以满足广大消费者需求。

以上通知，请即布置执行。

附："兰州牛肉拉面指定供应点"名单

一九九二年九月十一日

兰州市物价委员会下发《关于放开"兰州牛肉拉面指定供应点"议价牛肉面价格的通知》

"兰州牛肉拉面指定供应点"

禄益轩餐馆	武都路91号
兰清阁菜馆	酒泉路383号
汇丰酒家	庆阳路176号
民族餐厅	张掖路223号
清雅居	永昌路97号
胜利宾馆穆斯林餐厅	中山路127号
鸿宾楼菜馆	平凉路242号
伊清斋	张掖路255号
西来顺餐厅	西津东站
西固牛肉面馆	西固中街1号
酒泉路粮油食品店	中山路18号
土门墩粮店牛肉面馆	西津西路273号
梁家庄牛肉面馆	西津东路195号
西固粮食局福一小吃部	福利路
伊兰餐厅	中山路408号
白云饭馆	靖远路229号
兰园清真牛肉面馆	张掖路33号
水仙楼小吃部	福利西路448号
兰州专用汽车制造厂劳服司	安宁东路12号
东关清真寺餐馆	临夏路36号
马有布牛肉面馆	永昌路182号
王安全清真牛肉面馆	定西南路市场
西关大寺牛肉面馆	临夏路
宋记牛肉面馆	西站花位市场
牛记牛肉面馆	西站建兰北路市场
兰州传统牛肉面馆	安宁区刘家堡
正宗牛肉面馆	焦家营车站
唐汪饭店	小西湖桥西市场
西固伊斯兰餐馆	兰炼什字
西固北站新雅餐馆	合水北路20号

"兰州牛肉拉面指定供应点"名单

1994年3月，兰州市民族事务委员会组织开展了包括兰州牛肉拉面师在内的清真餐饮烹调师的考核培训，进一步提升技艺水平。

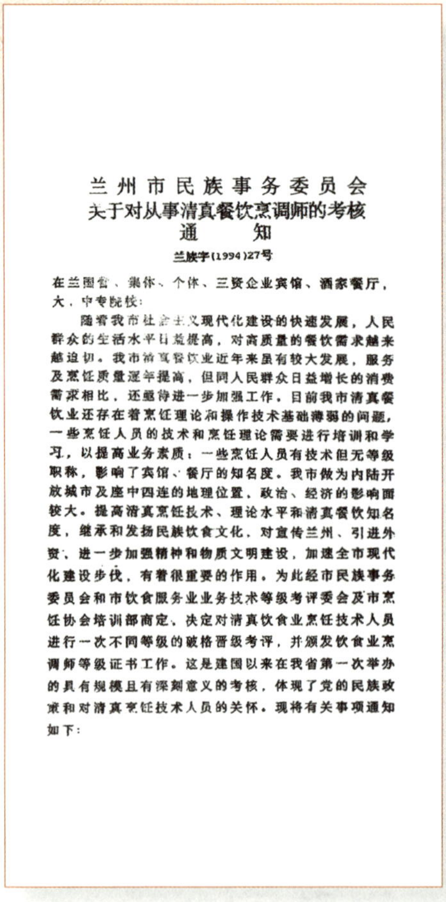

兰州市民族事务委员会
关于对从事清真餐饮烹调师的考核
通　　知

兰族字(1994)27号

在兰国营、集体、个体、三资企业宾馆、酒家餐厅，大、中专院校：

随着我市社会主义现代化建设的快速发展，人民群众的生活水平日益提高，对高质量的餐饮需求越来越迫切。我市清真餐饮业近年来虽有较大发展，服务及烹饪质量逐年提高，但同人民群众日益增长的消费需求相比，还亟待进一步加强工作。目前我市清真餐饮业还存在着烹饪理论和操作技术基础薄弱的问题，一些烹饪人员的技术和烹饪理论需要进行培训和学习，以提高业务素质；一些烹饪人员有技术但无等级职称，影响了宾馆、餐厅的知名度。我市做为内陆开放城市及座中四连的地理位置，政治、经济的影响面较大。提高清真烹饪技术、理论水平和清真餐饮知名度，继承和发扬民族饮食文化，对宣传兰州、引进外资、进一步加强精神和物质文明建设，加速全市现代化建设步伐，有着很重要的作用。为此经市民族事务委员会和市饮食服务业业务技术等级考评委会及市烹饪协会培训部商定，决定对清真饮食业烹饪技术人员进行一次不同等级的破格晋级考评，并颁发饮食业烹调师等级证书工作。这是建国以来在我省第一次举办的具有规模且有深刻意义的考核，体现了党的民族政策和对清真烹饪技术人员的关怀。现将有关事项通知如下：

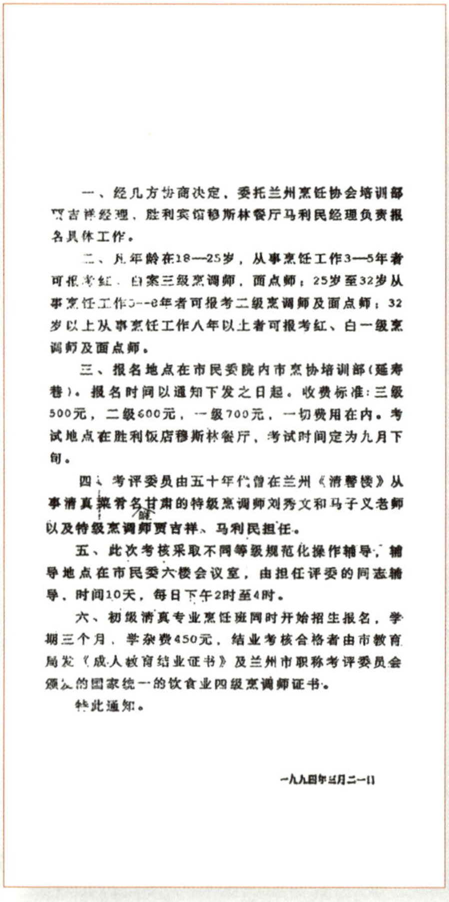

一、经几方协商决定，委托兰州烹饪协会培训部贾吉祥经理、胜利宾馆穆斯林餐厅马利民经理负责报名具体工作。

二、凡年龄在18—25岁，从事烹饪工作3—5年者可报考红、白案三级烹调师，面点师；25岁至32岁从事烹饪工作5—8年者可报考二级烹调师及面点师；32岁以上从事烹饪工作八年以上者可报考红、白一级烹调师及面点师。

三、报名地点在市民委院内市烹协培训部（延寿巷）。报名时间以通知下发之日起。收费标准：三级500元，二级600元，一级700元，一切费用在内。考试地点在胜利饭店穆斯林餐厅，考试时间定为九月下旬。

四、考评委员由五十年代曾在兰州《清馨楼》从事清真菜肴名甘肃的特级烹调师刘秀文和马子义老师以及特级烹调师贾吉祥、马利民担任。

五、此次考核采取不同等级规范化操作辅导，辅导地点在市民委六楼会议室，由担任评委的同志辅导，时间10天，每日下午2时至4时。

六、初级清真专业烹饪班同时开始招生报名，学期三个月，学杂费450元，结业考核合格者由市教育局发《成人教育结业证书》及兰州市职称考评委员会颁发的国家统一的饮食业四级烹调师证书。

特此通知。

一九九四年三月二一日

兰州市民族事务委员会下发《关于对从事清真餐饮烹调师的考核通知》

1994年5月，由国家民族事务委员会、国内贸易部、劳动部、中国烹饪协会联合主办的“全国首届清真烹饪技术竞赛”在沈阳举办，认定了32种风味食品，兰州牛肉面被评为甘肃省唯一的“名牌风味食品”，提升了影响力。

20世纪90年代，经过新中国成立后40余年的发展，兰州牛肉面的营业规模逐步扩大，业态模式不断得到丰富和发展，行业整体实力不断壮大，个体经营的牛肉面馆也开始不断涌现，兰州牛肉面从一个地方美食小吃逐步成为享誉全国的一张城市名片。

至此，兰州牛肉面迎来了新的发展机遇，得到人们越来越多的关注，市场份额越来越大，知名度和美誉度不断上升。兰州市当时已经有了上百家牛肉面馆，有些牛肉面馆已在积极探索走出兰州、走向全国，兰州牛肉面的发展进入了一个新的历史转折期。

三、连锁经营起步发展

随着市场经济的不断完善，商业经营业态不断更迭和推陈出新，规模化经营成为快速发展的主要路径，连锁经营逐渐成为企业规模扩张的主流模式。

1994年8月，国家经济体制改革委员会批复兰州市作为建设商贸中心改革的试点城市。发展连锁经营是流通体制改革的内容之一，兰州市金鼎牛肉面集团公司成为国内贸易部连锁经营小组办公室的联系点，为后续发挥地方特色优势，走向全国发展连锁经营牛肉面奠定基础。

1995年5月，兰州市第二商业局在发展兰州牛肉面连锁经营的有关报告中指出“随着人民生活水平的不断提高，人们生活节奏逐步加快，家务劳动日益社会化，为消费者提供方便、快捷、营养、卫生、实惠的食

兰州市体制改革委员会
关于扶持兰州金鼎牛肉面集团公司
发展连锁店经营的报告
兰改委(1994)55号

国家体改委流通体制司：

发展连锁经营，是商品流通体制改革的内容之一。兰州市饮食公司所属兰州金鼎牛肉面集团，致力于传统兰州牛肉面的研究，为跨地区发展连锁经营已经积累了成熟的经验。该公司为在全国发展兰州牛肉面连锁经营，提出了具体的分步实施规划，拟在1995年前于京、津、沪、广州、深圳等地开办十二家连锁店，形成初步规模，继而走向世界，以展示中国饮食文化，显示中国快餐的竞争力。我们认为实施规划是可行的。为了使连锁经营试点取得成功，请国家体改委给予协调帮助，在政策、资金等方面予以扶持。

特此报告

一九九四年九月十五日

兰州市体制改革委员会上报《关于扶持兰州金鼎牛肉面集团公司发展连锁经营的报告》

兰州市人民政府
关于将兰州金鼎牛肉面集团公司
列为全国连锁经营试点的请示
兰政发〔1994〕105号

国内贸易部：

今年八月，国家体改委、国家计委、国家经贸委、国内贸易部、对外贸易经济合作部等五部委以体改流〔1994〕88号文批复了《建设兰州商贸中心总体方案》，同意我市进行建设兰州商贸中心的改革试点；国家体改委以体改函规〔1994〕82号文批复了《兰州市以建设商贸中心为重点综合配套改革试点总体方案》，同意将兰州市列为国家综合配套改革试点城市。这对促进兰州经济发展，加速社会主义市场经济新体制的建立是一次非常难得的机遇。为了认真贯彻

兰州市人民政府上报《关于将兰州金鼎牛肉面集团公司列为全国连锁经营试点的请示》（部分）

品就成了餐饮业发展的一个主要趋势，这就为发展具有地方特色的名优产品兰州牛肉面提供了广阔的市场”。

1997 年 5 月，国务院批转国家经济贸易委员会《关于 1997 年国有企业改革与发展工作意见的通知》，指出要“进一步放活国有小企业。各地要从实际出发，因地制宜，采取改组、联合、兼并、股份合作制……进一步放活国有小企业，加快国有小企业改革与发展的步伐”。

1998 年 6 月，根据《兰州市关于加快国有企业股份合作制改革的实施意见》和《兰州市关于推进国有企业公司制改革和组建企业集团的实施意见》，在兰州市第二商业局的领导和支持下，兰清阁、鸿宾楼、清雅居、穆斯林餐厅等老字号企业进行整合，组建成兰州金鼎牛肉面（清真）有限公司（以下简称金鼎牛肉面公司）。

金鼎牛肉面公司在商务部门指导下，对兰州牛肉面行业的资源进行了整合，集中了兰州牛肉面行业的技术骨干和第三代、第四代传人，成为兰州牛肉面行业的龙头，也成为新时期兰州牛肉面的传承者。公司秉承和发扬百年兰州牛肉面传统的同时，努力创新，打造出了具有较高知名度的老字号兰州牛肉面品牌“金鼎牛肉面”。

首先，创立兰州品质牛肉面的标杆。金鼎牛肉面公司将牛肉面的传统制作工艺与现代经营理念相结合，建立了金鼎配送研发中心，研制出了金鼎牛肉面特有的专用调料，推出了系列牛肉面。金鼎牛肉面公司力求在牛肉汤的“清”字上下功夫，在“味”字上做文章，在“质”字上求发展，与时俱进，不断研发创新，推出虫草、羊肚菌、西洋参等高档系列牛肉面，成为兰州品质牛肉面的标杆。

其次，推行行业标准化。金鼎牛肉面公司率先在牛肉面行业中实施了“八统一”，即统一店名、统一标识、统一形象、统一配方、统一工艺、统一配送、统一价格、统一服务，从而提高管理效能，降低经营管理成本，提升服务形象，提高企业效益。

金鼎牛肉面公司分别从运营体制、生产流程、服务标准、岗位责任、连锁管理、加盟程序等各方面制定了标准，规范和完善了《营运手册》《员工手册》《岗职规范》《金鼎牛肉面加盟书》《金鼎牛肉面加盟连锁店营运手册》等，使管理和操作有据可依、有章可循。在科学的操作标准之下，一碗面的重量多少克，每种面型多少根，蒜苗、香菜、肉丁、肉片切多大多厚，炸辣子油的温度多高，都有了精确的数字标准，保证每一个连锁店操作流程的统一规范。

最后，实施品牌化经营战略。金鼎牛肉面公司借鉴国际快餐业的先进管理方法和营销模式，采取特许加盟形式发展连锁经营，确立发展商圈，立足甘肃全省，着眼于向西部和北方省会城市拓展，积极开辟全国市场。通过努力，公司企业形象得到迅速提升，为兰州牛肉面的运营模式开创了一个成功典范，起到了良好的示范和带动作用。在金鼎牛肉面公司的带动下，兰州各大牛肉面馆纷纷从改善就餐环境和提供服务入手，参与市场竞争，使牛肉面的整体形象从根本上得到了很大改观，兰州牛肉面的整体档次和水平上了一个新台阶。

为了发展连锁经营，金鼎牛肉面公司率先进行了探索，开设连锁店32家。在此影响下，马子禄、马有布、马有才、德元、东方宫、一碗兰、舌尖尖、陈作林陈记、思泊湖、有德等兰州牛肉面企业纷纷开设直营或加盟连锁店，发展到了省外的上海、北京、天津、成都、济南、郑州等地，网点达到上百家。

外国友人品尝金鼎牛肉面

金鼎牛肉面套餐

1999年10月，由国家内贸局、国家旅游局、劳动和社会保障部、中国烹饪协会等9个单位联合主办的第四届全国烹饪技术比赛在西安举办，兰州牛肉面与全聚德烤鸭、狗不理包子齐名，被确定为中式快餐的三大代表性品种，兰州牛肉面在餐饮界的地位得到高度认可。

四、标准体系开始创建

质量和标准是产品的生命，是兰州牛肉面实现可持续发展的基础，是走向全国的基本保证。2000年3月，兰州市商业贸易委员会制定了《关于振兴兰州牛肉拉面树立新形象的实施方案》。方案指出“牛肉面是兰州最具知名度和辐射力的产品，也是广大兰州市民重要的早餐品种，其独特的风味和地方特色赢得了国内外顾客的好评和赞誉。……为使兰州牛肉面这一代表兰州形象的产品资源，名副其实地成为中式快餐的推广品种和兰州形象的代名词，就必须采取切实有效的措施，克服种种弊端，振兴兰州牛肉面、树立新形象”。要求通过探索建立标准体系，举办大赛树立样板示范，逐步规范兰州牛肉面全行业的经营行为，擦亮品牌、树立形象。

为了树立样板，规范行业，2000年3月13日，兰州市商业贸易委员会向甘肃省商务厅正式上报了《关于举办首届兰州牛肉面技术大赛的报告》，启动大赛的筹备工作。

关于振兴兰州牛肉拉面
树立新形象的实施方案

（讨论稿）

牛肉面是兰州最具知名度和辐射力的产品，也是广大兰州市民重要的早餐品种，其独特的风味和地方特色赢得了国内外顾客的好评和赞誉。兰州牛肉面曾获得全国名小吃“金鼎奖”、“清真名牌食品”、“中华小吃奖”。去年 12 月在第四届烹饪大赛中式快餐比赛中又被确定为中式快餐的 3 大试点推广品种之一，这些都为振兴发展牛肉面，提高牛肉面档次、规格、树立牛肉面新形象，提供了良好的机遇和广阔的市场前景。但是，目前的兰州牛肉面要作为代表兰州形象的品牌和中式快餐的推广品种，无论从质量、卫生状况、服务水平和软件硬件条件及整体形象，还是从从业人员专业培训、操作规范、经营管理、经营方式等方面，都存在着很大的差距。特别是手工作坊式的生产操作和“小摊小贩”式的经营方式严重制约其发展。为使兰州牛肉面这一代表兰州形象的产品“资源”，名符其实地成为中式快餐的推广品种和兰州形象的代名词，就必须采取切实有效的措施，克服种种弊端，振兴

《关于振兴兰州牛肉拉面树立新形象的实施方案（讨论稿）》（部分）

兰州市商业贸易委员会
关于举办首届兰州牛肉面
技术大赛的报告

兰商贸委发（2000）16 号

省商务厅：

为迎接西部大开发，立足兰州，弘扬特色饮食文化，使兰州牛肉面这一中式快餐的推广试点品种，真正成为价廉物美的第一快餐，并以食为媒宣传兰州，提高兰州知名度，拟在今年 6 月由国家旅游局在兰州举办的“中国甘肃敦煌百年·黄河风情旅游节”期间，面向全国举办“首届兰州牛肉面技术大赛”。

为使此次大赛达到规格高、参赛范围广、效果佳的目的，经请示汇报贵厅，贵厅领导非常重视，及时与省烹协、国家内贸局取得联系，并得到了积极支持，为此，特报告“首届兰州牛肉面技术大赛”有关事宜，请贵厅予以转报国家内贸局。

以上报告妥否，请批示。

二〇〇〇年三月十三日

《关于举办首届兰州牛肉面技术大赛的报告》

中国烹饪协会、甘肃省商务厅、兰州市人民政府
关于举办首届全国兰州牛肉拉面技术比赛的通知

中烹协字〔2000〕6号

各省、自治区、直辖市烹饪协会(学会)，兰州市直各有关单位：

为了配合西部大开发战略的实施，推广中式快餐试点品种——兰州牛肉拉面，弘扬特色饮食文化，提高兰州牛肉拉面技术水平，促进兰州牛肉拉面向更高层次、更高目标迈进，逐步成为价廉物美的“中式快餐”。由国内贸易局支持，中国烹饪协会、甘肃省商务厅、兰州市人民政府等单位决定联合主办“首届全国兰州牛肉拉面技术比赛”。现将具体事宜通知如下：

一、比赛项目和标准

本次比赛分团体和个人赛，各项比赛均以现场操作演示为主要表现形式，以本次比赛统一的技术标准和评判标准规定要求实施。

二、参赛资格

凡国有、集体、“三资”、个体、私营企(事)业单位从事兰州牛肉拉面的员工，不分年龄技术等级，均可报名参赛。

三、比赛的组织

由主办单位联合成立首届全国兰州牛肉拉面技术比赛组织委员会，作为比赛的领导机构。组委会名誉主任由国内贸易局、中国烹协、甘肃省商务厅等单位领导担任，主任由兰州市人民政府领导担任，副主任由甘肃省商务厅、省烹协、兰州市商贸委、市二商局等单位领导担任。比赛由兰州市商贸委、二商局具体承办。比赛组委会下设秘书处和评判委员会，秘书处设在兰州市商贸委，具体负责比赛的有关协调和组织实施工作。评判委员会由若干国家级评委和兰州牛肉拉面知名专家组成并负责评判工作(组委会名誉主任、主任成员以及秘书处和评判委员会组成人员名单见附件)。所有参赛队、参赛选手和参赛项目，既可由各省、自治区、直辖市贸易(商业)行业主管部门和烹饪协会统一报名，也可直接向比赛组委会报名参赛。比赛于2000年6月18日至20日在兰州市举行。报名时间为2000年5月8日至31日(外地选手可适当延长)，报名地点为兰州胜利宾馆西楼306房间，电话(0931)8465221转3041，传真:(0931)8461531，邮编:730030，联系电话(0931)8772838，联系人:邓涛、虎晓萍。

四、奖励

(一)比赛设立团体奖。团体奖按分数比例由比赛组委会授予“首届全国兰州牛肉拉面技术比赛”特等、一等、二等、三等奖，并经审核同意评定兰州牛肉拉面特级、甲级、乙级、丙级店(馆)。

(二)比赛设金、银、铜牌奖，奖牌比例为金牌 10%、银牌 20%、铜牌 30%。同时分别授予兰州牛肉拉面高级、中级、初级拉面师技术职称(地方标准)及相关荣誉称号。

各地区、各部门要切实加强领导、通力协作，认真做好比赛前的各项准备工作，并把学、练、赛有机地结合起来，大力推广兰州牛肉拉面，弘扬中国饮食文化，进一步开拓城乡服务消费市场，促进中国烹饪和中式快餐以及我国餐饮事业的全面发展。

附件：1. 首届全国兰州牛肉拉面技术比赛实施方案

2. 首届全国兰州牛肉拉面技术比赛组织委员会名单

二○○○年四月二十八日

《关于举办首届全国兰州牛肉拉面技术比赛的通知》

2000年6月18—20日，首届“金鼎杯”全国兰州牛肉拉面技术比赛在兰州胜利宾馆举行。比赛由中国烹饪协会、甘肃省商务厅、兰州市政府主办。兰州市委有关领导，中国烹饪协会特邀顾问、中国烹饪文化研究会会长林则普，甘肃省商务厅副厅长赵毅，甘肃省旅游局副局长庞波，兰州市副市长杨咏中等领导出席开幕式。

此次比赛是兰州牛肉面发展历程中的重要里程碑，是兰州牛肉面开始启航全国的起点。比赛吸引了全国各地众多选手参赛，极大地提升了兰州牛肉面在全国的知名度和影响力，为兰州牛肉面行业树立了全国性的技术标杆和经营规范，促进了各地从业者的技术交流与提升，为兰州牛肉面产业及餐饮行业的发展起到了重要的推动作用，为兰州牛肉面迈向全国、走向世界奠定了坚实基础。

首届“金鼎杯”全国兰州牛肉拉面技术比赛现场

首届“金鼎杯”全国兰州牛肉拉面技术比赛全体参赛选手合影

为了确保兰州牛肉面在快速发展中以标准化来规范经营、确保质量，让牛肉面的经营和服务有据可依，店面开设有条件、原料使用有规范、制作流程有要求，维护广大消费者的合法权益，2000 年 7 月 10 日，在甘肃省政府、兰州市政府的大力支持下，在兰州市第二商业局的具体指导下，金鼎牛肉面公司积极行动，配合兰州市质量技术监督局和兰州市第二商业局，共同起草制定了甘肃省地方标准《兰州牛肉拉面》，这是兰州牛肉面历史上首个地方标准出台。

2003 年 6 月 11 日，为了促进兰州牛肉面行业整体水平的提高，推动兰州牛肉面的产业化发展，兰州市质量技术监督局和兰州市第二商业局共同提出并制定了甘肃省地方标准《兰州牛肉面馆（店）分等定级》。在标准的出台中，金鼎牛肉面公司积极配合，提供大量资料，发挥了重要作用。

ICS67. 060
X　11
BAM10827—2000

DB62

甘肃省地方标准

DB62/T685—2000

兰州牛肉拉面

Lanzhou Beef Noodles

2000—06—23 发布　　　　2000—07—10 实施

甘肃省质量技术监督局 发布

甘肃省地方标准《兰州牛肉拉面》（一）

DB62/T685—2000

前　言

兰州牛肉拉面是一种地方风味食品，为了保证该食品的生产加工、销售、检验有标准可依，保证其质量，维护广大消费者的合法权益，特制定甘肃省地方标准。

本标准中的理化指标是根据该食品长期以来的生产工艺、配方及实际抽样检验结果所确定的，卫生指标严格执行国家有关现行标准的规定。

本标准由兰州市质量技术监督局、兰州市第二商业局共同提出并负责起草。

本标准主要起草人：孟禄　瞿兆哲　陈鹏林

甘肃省地方标准《兰州牛肉拉面》（二）

甘 肃 省 地 方 标 准

兰 州 牛 肉 拉 面

Lanzhou Beef Noodles

DB62/T685—2000

1　范围

本标准规定了兰州牛肉拉面的分类、技术要求、试验方法、检验规则。

本标准适用以精制小麦粉、带骨牛肉、蔬菜、食盐、食用植物油、食醋、味精、香辛调味料、拉面剂为原料，经熬煮、勾兑牛肉汤，和、揉、饧、拉、抻、煮面、装碗、调汤及佐料而成的兰州牛肉拉面。

2　引用标准

下列标准所包含的条文，通过在本标准中引用而构成为本标准的条文。本标准出版时，所示版本均为有效。所有标准都会被修订，使用本标准的各方应探讨使用下列标准最新版本的可能性。

GB1355—1986	小麦粉
GB2716—1988	食用植物油卫生标准
GB2719—1996	食用醋卫生标准
GB2760—1996	食品添加剂使用卫生标准
GB4789.2—1994	食品卫生微生物学检验　菌落总数测定
GB4789.3—1994	食品卫生微生物学检验　大肠菌群测定
GB4789.4—1994	食品卫生微生物学检验　沙门氏菌检验
GB4789.5—1994	食品卫生微生物学检验　志贺氏菌检验
GB4789.10—1994	食品卫生微生物学检验　金黄色葡萄球菌检验
GB4789.11—1994	食品卫生微生物学检验　溶血性链球菌检验

甘肃省质量技术监督局 2000—06—23 批准　　　　2000—07—10 实施

1

甘肃省地方标准《兰州牛肉拉面》（三）

GB5009.5—1996	食品中蛋白质的测定方法
GB5009.6—1996	食品中肪脂的测定方法
GB/T5009.11—1996	食品中总砷的测定方法
GB/T5009.12—1996	食品中铅的测定方法
GB5461—1992	食用盐
GB/T9960—1998	鲜、冻四分体带骨牛肉
GB10465—1989	辣椒干
GB/T12457—1996	食品中氯化钠的测定方法
GB/T15691—1995	香辛料调味品通用技术条件
QB1500—1992	味精

3　分类

3.1　品种

按面条形状分为大宽、宽面、毛细、细面、二细、韭叶、荞麦棱兰州牛肉拉面。

按牛肉汤中的蛋白质含量、脂肪含量及每碗面中加入的熟牛肉净含量不同分为优质兰州牛肉拉面和普遍兰州牛肉拉面。

3.2　规格

按每碗中熟面条净含量分为大碗兰州牛肉拉面(不得少于 275g)和小碗兰州牛肉拉面(不得少于 175g)两种规格。

4　技术要求

4.1　原料

4.1.1　小麦粉应符合 GB1355 的规定。

4.1.2　牛肉应符合 GB/T9960 的规定。

4.1.3　辣椒干应符合 GB10465 的规定。

4.1.4　香辛调味料应符合 GB/15691 的规定。

4.1.5　食盐应符合 GB5461 的规定。

4.1.6　食用植物油应符合 GB2716 的规定。

4.1.7　食醋应符合 GB2719 的规定。

4.1.8　味精应符合 QB1500 的规定。

2

甘肃省地方标准《兰州牛肉拉面》（四）

DB62/T685—2000

4.1.9　白萝卡、蒜苗、芫荽应形态完整，色泽鲜艳，无霉烂、无变质、无虫蛀。

4.2　感官要求见表1

表1　感　官　要　求

项　　目	要　　求
外　　形	面条呈各品种的特有形状，条形完整，萝卜呈薄片状，牛肉呈片状或丁状，蒜苗，芫荽呈丁状，大小基本均匀一致，无肉眼可见外来杂质。
色　　泽	面条呈白色至浅黄色 一清(汤清) 二白(萝卜白) 三红(油炸辣椒红) 四绿(蒜苗、芫荽绿)
口感　气味　味道	面条软硬适度、筋道柔滑，面条、萝卜不夹生。嗅有香味，品尝时具有兰州牛肉拉面的特有风味，汤辛而鲜，麻而不闭气，辣而不烈，蒜苗、芫荽味道浓厚。

3

甘肃省地方标准《兰州牛肉拉面》（五）

4.3 理化指标见表 2

表2 理化指标

项目	单位	品种	
		优质	普通
肉汤中蛋白质含量	%	≥0.45	≥0.30
肉汤中脂肪含量	%	0.15～0.30	0.15～0.30
每碗面中熟牛肉净含量	g	不得少于 50	不得少于 30
食盐含量（以 NaCl 计）	%	1.5～2.5	
每碗面中肉汤净含量	g	300～500	
食品添加剂碳酸钠		应符合 GB2760 规定	

4

甘肃省地方标准《兰州牛肉拉面》（六）

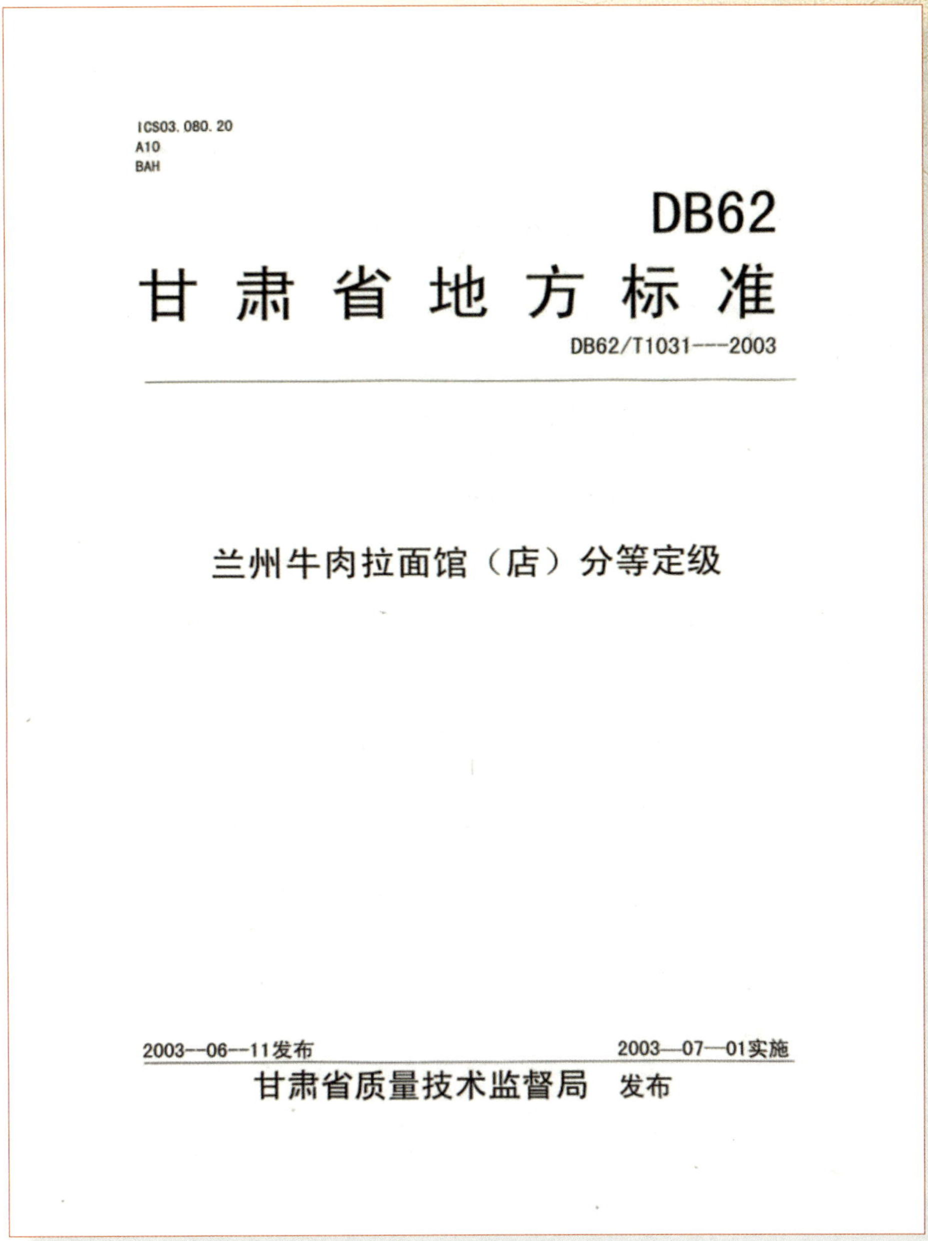

ICS03.080.20
A10
BAH

DB62

甘肃省地方标准

DB62/T1031---2003

兰州牛肉拉面馆（店）分等定级

2003--06--11发布　　2003—07—01实施

甘肃省质量技术监督局　发布

甘肃省地方标准《兰州牛肉拉面馆（店）分等定级》（一）

DB62/T1031—2003

兰州牛肉拉面馆（店）分等定级

1 范围

本标准规定了兰州牛肉拉面馆（店）分等定级的总则、卫生要求、等级划分的依据和评定方式、等级划分要求。

本标准适用于以经营兰州牛肉拉面为主要品种的餐饮企业。

2 规范性引用文件

下列文件中的条款通过本标准的引用而成为本标准的条款。凡是注日期的引用文件，其随后所有的修改单（不包括勘误的内容）或修定版不适用于本标准，然而，鼓励根据本标准达成协议的各方研究是否使用这些文件的最新版本。凡是不注日期的引用文件，其最新版本适用于本标准。

GB/T13391　《酒家酒店 分等定级》标准

DB62/T685　《兰州牛肉拉面》标准

GB16153　《饭馆（餐厅）卫生》标准

GB19085　《商业、服务业经营场所传染性疾病预防措施》标准

3 总则

兰州牛肉拉面馆（店）分等定级标准是为了树立地方产品品牌形象，提高经营单位经营管理水平，推动地方特色产品的发展和产业化进程。

4 卫生要求

4.1 环境与设施的卫生要求应符合GB16153和GB19085的规定。

4.2 食品的卫生质量应符合GB19085中5.3.2的规定。

4.3 消毒要求应符合GB19085中5.3.3的规定。

4.4 工作人员的健康要求应符合GB19085中5.3.5的规定。

5 等级划分的依据和评定方式

5.1 等级划分的依据是兰州牛肉拉面馆（店）的物质因素、管理因素、技术因素、服务因素、安全卫生和环保因素。

5.2 兰州牛肉拉面馆（店）等级评定方法参照GB/T13391-2000的要求，对企业的建筑与设备设施、技术力量、产品质量、服务提供、服务质量、经营管理水平进行评审，由行业主管部门制定具体的评审程序和评分细则。

5.3 一个企业评定一个等级，如果企业由若干个分店、附属店和连锁店组成，应按各店的实际情况分别评定等级。

5.4 兰州牛肉拉面馆（店）的等级划分为四个等级：特级、一级、二级、三级。

6 等级划分要求

6.1 特级

6.1.1 建筑与设备设施基本条件

建筑结构良好，建筑布局科学合理，接待服务功能完善；设备设施舒适、方便、安全且性能先进、质地高档，完好率保持100%；装饰美观大方。

6.1.1.1 营业面积不少于400平方米，厨房和附属用房面积不少于营业面积的30%。

1

甘肃省地方标准《兰州牛肉拉面馆（店）分等定级》（二）

DB62/T1031—2003

6.1.1.2 有自备发电系统。
6.1.1.3 有符合仓储条件的原材料库房。
6.1.1.4 餐厅和厨房之间具有有效的隔音隔味的设施。
6.1.1.5 有为残疾人服务的设备设施。
6.1.1.6 有员工更衣室。
6.1.2 环境保护和安全卫生条件
按消防、安全、卫生现行的法规和标准要求配备必要的设备设施。
6.1.3 前厅
6.1.3.1 设备设施条件
1）有相对独立的接待前厅。
2）具备预订、接待洽谈等服务功能。
6.1.3.2 应提供的服务
1）设值班经理，协调前厅接待工作。
2）有迎宾员，在营业时间内迎送客人，引领客人到位就餐。
3）应提供服务项目宣传品，各式菜单（价目表），报刊杂志2种以上。
4）能用标准普通话和外语进行接待服务。
6.1.4 餐厅
6.1.4.1 设备设施条件
1）有接待150人同时就餐的条件和相应设施。
2）有特色豪华宴会大厅。
3）包间不少于5间。
4）桌椅、用具、餐具、酒具、茶具配备高档。
5）照明度应能很好地反映食品的感官性，并能烘托就餐气氛。
6）能够根据客人就餐的需要调节适宜的温度。
6.1.4.2 应提供的服务
1）供应菜点品种不少于100种（或有单项成套特色品种）。
2）有餐厅高级服务师组织日常的接待工作。
3）中级以上餐厅服务师不少于餐厅服务人员的30%。
4）服务人员能用外语介绍菜点和接待服务。
5）营业结束时间不早于21点。
6）除主供品种外，能提供宴会服务。
6.1.5 厨房
6.1.5.1 设备设施条件
1）厨房布局符合菜点出品工艺流程。
2）厨房地面采用有效防滑的高档材料，墙面满铺瓷砖，顶部进行了防污染处理。
3）初加工间、烹调间、凉菜间、面点间、洗碗间独立分设并符合卫生法规和标准要求。
4）有专用消毒设备。
5）有充足的冷藏、冷冻和保鲜设备。
6）灶具用具以不锈钢材料为主。
7）有良好的通风排烟设施。
6.1.5.2 应提供的服务
1）由高级烹调师任厨师长，烹调、面点至少各有一名高级烹调师（面点师）顶岗操作。
2）中级以上面点师（拉面师）、烹调师占同工种人员的60%，其中高级烹调师占20%。
3）面点、菜点有明确的质量标准，并严格按标准执行。
4）供应品种应有很好的感官性，味道纯正，符合卫生、质量标准，具有良好的营养价值。

2

甘肃省地方标准《兰州牛肉拉面馆（店）分等定级》（三）

5）能满足客人对出品时间的要求。

6）有高档原材料制作的菜品。

6.1.6 公共区域

6.1.6.1 设备设施条件

1）有充足方便的停车条件。

2）四层以上的营业餐厅有与接待能力相适应的客用电梯。

3）有供宾客使用的公共卫生间。

4）供宾客使用的走廊、楼道、过厅宽敞。

5）分设客用通道和员工及进货通道。

6）有规范的公共标识。

6.1.6.2 应提供的服务

1）公共卫生间提供必要的卫生用品和服务。

2）供宾客使用的走廊、楼道、过厅和卫生间有专人负责清洁卫生。

6.1.7 服务质量要求

1）各岗位的服务工作严格按照服务操作规程，提供规范化服务。

2）服务人员树立诚实有信、爱岗敬业、守职尽责、注重效率的服务意识，讲究仪表仪容和礼节礼貌，服务技能娴熟，保持热情周到、礼貌的服务态度和优质高效的服务质量。

3）各岗位的从业人员必须持有国家劳动保障部门核发的本职业（工种）相应等级的职业资格证书。

4）有经过专业培训的管理人员。

5）有完善的企业管理制度和营销计划。

6.2 一级

6.2.1 建筑与设备设施基本条件

建筑布局科学合理、精致周密，接待服务功能完善；设备设施舒适、方便、安全且性能先进，质地高档，完好率保持100%；装饰美观大方。

6.2.1.1 营业面积不少于150平方米，厨房面积不少于营业面积的20%。

6.2.1.3 有符合仓储条件的原材料库房。

6.2.1.4 餐厅和厨房之间具有有效的隔音隔味的设施。

6.2.1.5 有员工更衣室。

6.2.2 环境保护和安全条件

按消防、安全、卫生现行法规和标准要求配备必要的设备设施。

6.2.3 前厅

6.2.3.1 设备设施条件

设有订餐处。

6.2.3.2 应提供的服务

1）设大堂经理协调接待工作。

2）提供各式菜单（价目表）。

6.2.4 餐厅

6.2.4.1 设备设施条件

1）有接待80人同时就餐的餐厅。

2）有包间。

3）桌椅、用具、餐具、酒具、茶具能够满足服务需要。

4）照明度应能很好反映食品的感官性，并能烘托就餐气氛。

5）能够根据客人就餐的需要调节适宜的温度。

6.2.4.2 应提供的服务

1）除主供品种外，供应的菜点品种不少于30种（或有单项成套特色品种）。

甘肃省地方标准《兰州牛肉拉面馆（店）分等定级》（四）

DB62/T1031—2003

2）有餐厅服务师组织接待工作。
3）高、中级餐厅服务师不少于餐厅服务人员的20%。
4）营业结束时间不早于21时。

6.2.5 厨房

6.2.5.1 设备设施条件

1）厨房布局符合出品工艺流程。
2）厨房地面采用有效防滑的高档材料，墙面满铺瓷砖，顶部进行了防污染处理。
3）操作间应符合卫生法规和标准要求。
4）有专用消毒设备。
5）有冷藏、冷冻和保鲜设备。
6）灶具用具以不锈钢材料为主。
7）有良好的通风排烟设施。

6.2.5.2 应提供的服务

1）由中级以上烹调师或面点师任厨师长并顶岗操作。
2）中级以上烹调师、面点师占同工种人员的20%。
3）面点、菜点有明确的质量标准，并严格按标准执行。
4）供应的品种应有很好的感官性，味道纯正，符合卫生、质量标准。
5）能满足客人对出品时间的要求。

6.2.6 公共区域

6.2.6.1 设备设施条件

1）四层以上的营业餐厅有与接待能力相适应的客用电梯。
2）有供宾客使用的公共卫生间。
3）有规范的公共标识。

6.2.6.2 应提供的服务

公共卫生间能提供必要的卫生用品。

6.2.7 服务质量要求

1）各岗位的服务工作严格按照服务操作规程，提供规范化服务。

2）工作人员树立诚实有信、敬岗爱业、守职尽则、注重效率的服务意识，讲究仪容仪表和礼貌礼节，服务技能娴熟，保持热情、周到、礼貌的服务态度和优质高效的服务质量。

3）各岗位的从业人员必须持有国家劳动保障部门核发的本职业（工种）相应等级的职业资格证书。

4）有经过专业培训的管理人员。
5）有较完善的企业管理制度和营销计划。

6.3 二级

6.3.1 建筑与设备设施基本条件

建筑布局实用合理，设备设施方便、安全，完好率保持100%，装饰美观大方。

6.3.1.1 营业面积不少于100平方米，厨房面积不少于营业面积的20%。

6.3.1.2 有空调或供暖设施。

6.3.1.3 有符合仓储条件的原材料库房。

6.3.1.4 餐厅和厨房之间有隔离的设施。

6.3.2 环境保护和安全卫生条件

按消防、安全、卫生现行的法规和标准要求配备必要的设备设施。

6.3.3 餐厅

6.3.3.1 设备设施条件

1）有接待50人同时就餐的餐厅。
2）有配套的桌椅、用具、餐具。

4

甘肃省地方标准《兰州牛肉拉面馆（店）分等定级》（五）

3）能提供适宜温度的就餐环境。

6.3.3.2 应提供的服务

1）提供的品种有特色或具有传统风味。

2）主供品种外，能提供相应品种的小菜。

3）营业结束时间不早于14点。

6.3.4 厨房

6.3.4.1 设备设施条件

1）厨房布局符合出品工艺流程。

2）厨房地面采用防滑材料、墙面满铺瓷砖，顶部进行了防污染处理。

3）操作间应符合卫生法规和标准要求。

4）有专用消毒设备。

5）有冷藏冷冻设备。

6）灶具用具以不锈钢材料为主。

7）有良好的通风排烟设施。

6.3.4.2 应提供的服务

1）至少有一名中级面点师顶岗操作。

2）供应的品种应有良好的感官性，味道纯正，符合卫生、质量标准。

3）能满足客人对出品时间的要求。

6.3.5 公共区域

6.3.5.1 设备设施条件

有规范的公共标识。

6.3.6 服务质量要求

1）专职服务人员不少于3名。

2）工作人员应树立诚实有信、敬岗爱业、守职尽责、注重效率的服务意识，讲究仪容仪表和礼节礼貌，服务技能娴熟，保持热情、周到、礼貌的服务态度和优质高效的服务质量。

3）各岗位的从业人员必须持有国家劳动保障部门核发的本职业（工种）相应等级的职业资格证书。

6.4 三级

6.4.1 建筑与设备设施基本条件

建筑布局实用合理，设备设施方便、安全，完好率保持100%，装饰陈设美观大方。

6.4.1.1 营业面积80平方米，厨房面积不少于营业面积的20%。

6.4.1.2 有符合仓储条件的原材料库房。

6.4.1.3 餐厅与厨房之间有隔离的设施。

6.4.2 环境保护和安全卫生条件

按消防、安全、卫生现行的法规和标准要求配备必要的设备设施。

6.4.3 餐厅

6.4.3.1 设备设施条件

1）有同时容纳30人就餐的餐厅。

2）有配套的桌椅、用具、餐具。

3）能提供适宜温度的就餐环境。

6.4.3.2 应提供的服务

1）供应的品种有特色或具有传统风味。

2）品种口味纯正，符合质量标准。

3）营业结束时间不早于14点。

6.4.4 厨房

6.4.4.1 设备设施条件

甘肃省地方标准《兰州牛肉拉面馆（店）分等定级》（六）

第三章

行业引领扬名海内外

一、行业协会应运而生

1. 兰州牛肉拉面行业协会产生的背景

兰州牛肉面行业呈现出蓬勃发展的景象，但是在快速发展的同时，也逐渐出现一些问题和乱象。面对顾客盈门的火爆景象，有些牛肉面馆“萝卜快了不洗泥”，为了快出面、多赚钱，在原料采购上敷衍粗糙，在加工煮制时偷工减料，在制作流程上减少工序，客人使用过的碗筷不及时清理，卫生也不及时打扫。在不少牛肉面馆，已经颁布的质量标准也没能很好地执行，出现一些口味差、质量次、不卫生，顾客反映多、意见大的情况。

同时，企业成为自主经营、自负盈亏、自我完善、自我发展的“四自企业”和独立自主的市场经营主体，但是有些企业的自我约束能力没有跟上市场经济发展的脚步，服务意识欠缺。随着政府职能的转变，市场监管方式也发生了变化，政府对企业的直接管理转变为宏观引导和微观监管，监管不到位的情况时有发生。

这是一个生机勃勃的时代，是市场经济快速发展的时代，也是一个转型的时代，迫切需要能够推动行业自律和充当政府与企业之间桥梁纽带的行业组织出现，带动企业提升发展水平，规范经营。在这个背景下，行业协会的出现就成为市场的需要、发展的需要、时代的需要。

为促进兰州牛肉面行业不断规范，加强行业自律，带动行业整体水平的提高，推动兰州牛肉面行业的高质量发展，由兰州市商业贸易委员会指导，兰州牛肉拉面行业协会经兰州市商业贸易委员会（兰商贸委字〔2003〕08号）及市民政局民间组织管理局（兰民社字〔2003〕06号）批准，由老字号品牌企业金鼎牛肉面公司牵头和兰州一些知名品牌牛肉面企业共同发起，于2003年8月20日正式成立。

兰州市商业贸易委员会
关于同意成立兰州牛肉拉面行业协会的
批　　复

兰州金鼎牛肉面（清真）有限公司等3家发起单位：

你们关于发起成立“兰州牛肉拉面行业协会”的申请收悉。经研究，同意发起成立“兰州牛肉拉面行业协会”。接此批复后，请按国家社团成立相关规定，到兰州市民政局社团管理局办理登记手续。

此复

二〇〇三年七月二十八日

批复成立兰州牛肉拉面行业协会

甘肃省商务厅副厅长赵毅、兰州市人大常委会副主任高纪勋、兰州市副市长陈冬芝及兰州市商业贸易委员会、兰州牛肉面企业代表出席了成立仪式。在举行成立仪式的同时，举办了兰州牛肉面发展战略研讨会，专家学者、业内知名人士为兰州牛肉面的规范和发展献计献策。

兰州牛肉拉面行业协会成立大会参会人员合影

2. 兰州牛肉拉面行业协会的主要职责

（1）以服务为宗旨，做好行业协调、自律、监督工作。抑制各种不正当竞争行为，维护公平、有序、诚信的市场环境，维护国家、企业、员工和消费者正当合法的权益。

（2）维护兰州牛肉拉面品牌形象，规范兰州牛肉拉面行业经营行为，促进兰州牛肉拉面产业化发展。

（3）负责兰州牛肉拉面商标的使用和管理，开展评审挂牌、年检等管理和保护，积极培育商标品牌价值，加大商标宣传力度，制定完善《兰州牛肉拉面商标使用管理办法》和《兰州牛肉面标识管理办法》，全面提升兰州牛肉拉面的整体形象。

（4）负责兰州牛肉拉面各类“走出去”活动的组织实施工作。

（5）协助政府有关部门，贯彻落实好《兰州牛肉拉面》和《兰州牛肉拉面馆（店）分等定级》两个标准。

（6）组织会员开展交流会活动，召开工作研讨会议，及时向政府有关部门反映行业发展需要协调和解决的问题。

（7）编辑出版行业内专业刊物，介绍行业动态，选刊会员学术论文、企业文化建设成果及企业管理的先进经验，探讨发展兰州牛肉拉面的新思路、新举措。

（8）开展兰州牛肉拉面技术培训、技术交流、技术服务、技术咨询和考察学习等活动，协助有关部门和单位进行从业人员职业技能鉴定工作。

（9）制定行业相关规范和标准，并在行业内推行。在行业内开展各类技能比武活动，进行各类评选工作，树立行业先进典型。

（10）承办政府有关部门授权或委托办理的各类事项。

3. 兰州牛肉拉面行业协会的首届组织机构

会长：

马利民（兰州金鼎清真牛肉面有限责任公司总经理）

副会长：

曹继勇（兰州市商业贸易委员会饮食服务处副处长）

马继祖（兰州马子禄牛肉面有限责任公司总经理）

马有布（马有布牛肉面馆经理）

孟淑琴（兰州金鼎清真牛肉面有限责任公司副总经理）

秘书长：

孟淑琴（兼）

二、完善标准，规范行业

兰州牛肉拉面行业协会自成立大会落幕的那一刻起，便以时不我待的紧迫感投入到行业建设工作中。协会通过座谈交流、实地观摩、案例研讨等方式，系统梳理出包括行业自律公约、标准化体系搭建、品牌培育路径等可借鉴的经验。协会以“规范行业行为”为突破口，通过组织企业互访、举办标准化建设研讨会等形式，逐步完善从原料采购、工艺控制到服务流程的全链条标准体系，通过统一标识、质量认证等举措提升行业整体竞争力。

2003 年 9 月，兰州牛肉拉面行业协会与兰州市劳动和社会保障局合作，共同组建由烹饪大师、职业院校教师、食品安全专家构成的编写团队。在编写《兰州牛肉拉面从业人员业务知识学习资料》的过程中，系统记录了传承百年的制作工艺精髓。该资料不仅详细规范了拉面的揉面、抻拉、熬汤等 28 道核心工序标准，还创新引入现代营养学知识，科学配比食材营养成分。这份凝结行业智慧的学习资料，成为兰州牛肉面行业迈向规范化、职业化发展的重要里程碑，为后续建立行业从业资格认证体系奠定了坚实基础。

兰州牛肉拉面业务知识资料封面

2003年10月，兰州市政府办公厅转发《市商贸委等9部门关于整顿和规范兰州牛肉拉面市场的意见的通知》，兰州牛肉拉面行业协会积极响应，认真贯彻落实文件精神，密切配合市上9个部门组成的联合小组，对兰州市牛肉拉面市场展开全面整治行动。在此次整治中，协会发挥了重要的协助作用，对脏乱差的牛肉面馆进行了曝光，通过舆论监督的方式，督促这些面馆进行整改，提升卫生环境和经营秩序，为兰州牛肉拉面市场的规范化发展奠定了基础。这一举措不仅改善了消费者的用餐环境，也提高了兰州牛肉拉面整体的品牌形象。

2004年3月，经甘肃省劳动和社会保障局批准，兰州市劳动和社会保障局与兰州牛肉拉面行业协会联合，启动职业等级评定，举办首届兰州牛肉拉面技术等级培训班，向行业从业人员颁发兰州牛肉拉面技术职业等级证书，在全行业实行职业技术等级认证、持证上岗制度。

首届兰州牛肉拉面技术等级培训班现场

2004 年 5 月 28 日，为了规范兰州牛肉拉面行业经营行为，提高行业整体经营管理水平，按照《兰州牛肉拉面标准》和《兰州牛肉拉面馆（店）分等定级》2 个标准，兰州市由商贸委、质检、工商、卫生、物价、公安、行业协会等 7 部门组成了评审小组，委托兰州牛肉拉面行业协会与兰州牛肉拉面馆等级评审委员会，对各大知名牛肉面馆（店）进行分等定级，综合评出了首批兰州牛肉拉面等级店。其中，特级店 2 个，一级店 16 个，二级店 10 个，形成一批市场欢迎和认可的牛肉面企业。

甘肃省、兰州市领导为兰州牛肉拉面馆授牌

为了展示甘肃餐饮美食发展成果，树立典范，带动全行业水平的提升，2004 年 10 月 26 日，由甘肃省商务厅主办的第二届中国·甘肃美食节开幕。兰州牛肉拉面行业协会积极参与承办甘肃美食节相关活动，并组织数十位优秀拉面师共同进行拉面表演，亮相美食节闭幕式，展示形象。

中国·甘肃美食节闭幕式上的兰州牛肉拉面表演

2006年2月，受个别牛肉面馆影响，兰州市牛肉面价格出现上涨，引发市民的反响。涨价之风首先从西固区牛肉面馆开始，继而发展到城关区、安宁区的牛肉面馆。面对市场的价格波动，兰州牛肉拉面行业协会在维护、引导和规范行业经营行为上主动作为，与涨价的牛肉面馆积极沟通协调，从行业整体发展的角度出发，引导企业合理定价。同时，协会通过发布行业指导意见等方式，有效稳定了市场价格秩序。这项工作的有序推进和收到实效，提升了行业协会的代表性、专业性地位，发挥了行业协会在行业发展中的积极作用，使行业协会真正成为政府和企业联系的桥梁与纽带。

2007年8月，《中国青年报》刊发《兰州牛肉面的“正名之战”》，披露外地“兰州拉面”经营不规范的现象，如使用拉面剂、速溶汤包等，损害消费者利益，严重侵害了兰州牛肉拉面的品牌形象。兰州牛肉拉面行业协会积极通过法律途径，起诉北京、上海等地30余家侵权门店。这一维权行动得到了广泛关注，成功索赔的案例被央视《经济半小时》栏目报道。此次维权有效打击了市场中存在的不法行为，保护了兰州牛肉拉面品牌的合法权益，维护了兰州牛肉拉面品牌在全国的声誉。

2010年5月，37家牛肉面馆因“汤底添加剂超标”“后厨卫生不合格”等问题被兰州市市场监督管理局责令整改，《兰州日报》公布“黑榜”企业名单。在此背景下，兰州牛肉拉面行业协会积极推动建立“卫生星级评分制度”。协会与市场监督管理局等部门密切合作，参与制定评分标准，组织会员企业学习卫生规范要求。这一制度的建立，激励了牛肉面馆提升卫生标准，加强食品安全管理。协会定期对会员企业进行卫生检查和评分，对于达到较高星级标准的企业进行宣传推广，对于不达标的企业督促整改，有效提升了兰州牛肉拉面行业整体的卫生水平和食品安全保障能力。

三、搭建平台，提档升级

为了不断提升兰州牛肉拉面市场的整体形象，进一步推动兰州牛肉拉面行业快速发展，兰州牛肉拉面行业协会协调和整合资源，适应发展形势，充分发挥行业组织的作用，利用各种形式，创造各种平台，积极为企业发声，为行业服务，为品牌企业宣传，不断探索新时期兰州牛肉拉面行业发展的新路径。

2006 年 10 月，为适应互联网快速发展的新形势，兰州牛肉拉面行业协会网站诞生了。协会网站积极利用互联网及各种媒体加强对全行业和协会自身的宣传，同时宣传和推荐牛肉面品牌知名企业，为牛肉面行业品牌企业提供了相互交流、学习的信息化平台。

2007 年 6 月 26 日，兰州市物价局、市质监局、市工商局以及兰州牛肉拉面行业协会共同出台行业监管政策并正式下发文件。7 月 11 日，兰州市物价局组织召开了兰州市规范牛肉面价格行为座谈会，邀请了市人大、市政协有关人士，部分专家学者，经营者和消费者代表，对牛肉面限价一事听取社会各界的意见。与会代表普遍认为，牛肉面价格是兰州的“民生价格”，只有在“分等定级，优质优价”的原则下进行价格监管，才会有利于兰州牛肉拉面行业的健康发展。

2008年8月8日，江苏省首届暨南京市第二届清真烹饪竞赛在南京举行，来自江苏省各地的清真餐饮企业、大专院校、宾馆饭店、部队食堂及南京各大拉面馆的选手，在同场竞赛中展示自己的烹饪绝技和创新清真菜品。兰州牛肉拉面行业协会派出专业的评委队伍参加评审，支持了比赛成功举办。

2009年10月14日，为加大兰州牛肉拉面的品牌推广力度，促进兰州牛肉拉面向规范化、规模化和产业化发展，兰州市商务局制定了《兰州市牛肉拉面市场整治工作方案》。方案提出，要从外部形象、内部环境、餐饮卫生、服务水平等方面进行规范和提升，加大兰州牛肉拉面的品牌推广力度，引导企业提高经营水平，塑造企业文化，缔造品牌形象，力争培育、发展一批标准化、特色化的牛肉拉面店，推动牛肉拉面产业提质、升级，为兰州牛肉拉面走向全国、打造连锁快餐品牌奠定坚实基础。

兰州牛肉拉面行业协会始终秉持着积极进取的态度，高度重视业内成员间的相互学习、思想碰撞与思路交流，力求实现共同提高的目标。这种理念为兰州牛肉拉面产业的发展注入源源不断的活力。

2016年4月17日，面食天下·走进兰州——中国·兰州牛肉面产业高峰论坛在兰州顺利举办。此次论坛由中国烹饪协会主办，兰州市委宣传部、市商务局、市民族宗教事务委员会、市食品药品监督管理局以及兰州牛肉拉面行业协会联合承办。

论坛上，来自中国社会科学院经济研究所、中国社会科学院财经战略研究院等研究院所的专家，围绕兰州牛肉面发展现状及前景等话题发表演讲，内容包括兰州牛肉面营养成分与拉面工艺、食品安全与健康的重要性、“一带一路”背景下牛肉面经济的机遇与挑战等，为产业标准化、国际化发展提供了思路。

面食天下·走进兰州——中国·兰州牛肉面产业高峰论坛发言人员

面食天下·走进兰州——中国·兰州牛肉面产业高峰论坛参会人员合影

为解决企业融资难、融资贵的问题，2018年10月31日，兰州牛肉拉面行业协会与中国银行甘肃省分行联合举办小微企业互助担保业务启动暨与兰州牛肉拉面行业协会全面合作签约仪式，甘肃省商务厅、省非公办，兰州市委外宣办、市商务局相关领导，兰州牛肉拉面行业协会及60家会员单位代表出席了签约仪式。

本次业务启动暨签约仪式上，甘肃省商务厅、中国银行甘肃省分行、兰州牛肉拉面行业协会相关领导分别代表政府、银行、企业从非公有制经济发展、金融服务支持、产业发展布局等方面致辞。中国银行甘肃省分行对其互助担保业务、牛肉拉面行业综合金融服务方案及专属优惠活动进行了宣讲。随后，中国银行甘肃省分行与兰州牛肉拉面行业协会签署了全面合作协议，由金融机构为品牌牛肉面企业授信。

小微企业互助担保业务启动暨与兰州牛肉拉面行业协会
全面合作签约仪式现场

四、积极建言献策，为政府决策提供依据

2018 年 12 月 13 日，兰州牛肉拉面行业协会组织甘肃省 20 余家骨干企业代表，参与《甘肃省人民政府办公厅关于促进兰州牛肉拉面产业发展的意见》政策研讨论证，同时参加甘肃省商务厅牵头召开的促进兰

州牛肉拉面及餐饮产业发展座谈会。会上，政企代表围绕标准化建设、品牌国际化、产业链延伸等核心议题展开深度交流，为产业高质量发展凝聚智慧共识。

促进兰州牛肉拉面及餐饮产业发展座谈会现场

由甘肃省商务厅牵头，联合人社、发改、财政、市场监管等 16 个省直部门组建了甘肃省牛肉拉面发展协调小组，整合社会资源，统筹推进产业规划编制、政策体系构建及重大项目落地。这套政策组合拳的落地实施，标志着兰州牛肉面产业正式驶入标准化、产业化、国际化发展的快车道。

2019 年 1 月 24 日，兰州市商务局与市委外宣办组织召开《兰州牛肉拉面提升发展质量行动实施方案》媒体通气会。兰州市人民政府于 2019 年 1 月 17 日正式印发《兰州牛肉拉面提升发展质量行动实施方案》，该方案的出台将对兰州牛肉拉面行业的发展起到重要的指导和推动作用，进一步从龙头培育、连锁发展、人才培训、文化发掘、互联融合、协会引领、加强宣传、助力脱贫等方面形成合力，共同推动兰州牛肉拉面行业整体提升。

兰州市人民政府办公厅
关于印发兰州牛肉拉面提升发展质量行动
实施方案的通知

兰政办发〔2019〕3号

各区、县人民政府，市政府有关部门，各有关单位，兰州新区、高新区、经济区管委会：

《兰州牛肉拉面提升发展质量行动实施方案》已经2018年12月6日市政府第53次常务会研究同意，现印发给你们，请认真组织实施。

兰州市人民政府办公厅

2019年1月17日

《关于印发兰州牛肉拉面提升发展质量行动实施方案的通知》

为了响应政府促进内需、拉动消费的战略举措，2022 年 1 月 3 日，兰州市商务局、兰州牛肉拉面行业协会、苏宁易购联合举办兰州牛肉面线上线下迎新春促消费年货节启动仪式，并签订了战略合作协议。双方将通过线上线下联动，为兰州牛肉拉面产业发展注入新的活力。

迎新春促消费年货节启动大会现场

2022 年 7 月 2 日，在兰州牛肉拉面行业协会会长马利民的带领下，50 余名老字号牛肉面企业负责人深入兰州市树屏牛肉面产业园开展调研活动。树屏牛肉面产业园于 2020 年 12 月 17 日成立，坐落于兰州树屏众创城食品园区内，园区内企业稳步发展，在兰州牛肉拉面产业发展进程中占据重要地位。

大家从兰州牛肉面的产品特点和发展趋势出发，踊跃发言；聚焦于帮助牛肉面预包装企业克服当前面临的困难，如生产成本控制、产品保鲜技术提升、市场渠道拓展等问题，献计献策；在产品提升方面，建议从原料选择、工艺优化、口味创新等多维度着手，打造更具有竞争力的预包装产品。此次调研与座谈为兰州牛肉面预包装产业的发展凝聚了多方智慧，为后续产业升级与壮大奠定了坚实基础。

2022 年 7 月 6 日，安徽省淮南市副市长王启超、淮南市商务局局长贾俊、淮南牛肉汤产业协会会长刘后继等一行，在兰州市商务局副局长刘志强、兰州牛肉拉面行业协会会长马利民的陪同下，深入兰州牛肉面产业园实地考察陇萃堂、思泊湖、金城虎的牛肉面预包装工厂，实地了解牛肉拉面产业发展情况。

兰州牛肉拉面行业协会调研兰州牛肉面产业园

2022 年 7 月 8 日，兰州牛肉拉面行业协会和马来西亚棕榈油总署、甘肃驻马来西亚商务代表处共同举办棕榈油贸易与技术论坛会，共同探讨两国饮食食品文化领域合作事宜。

兰州牛肉拉面行业协会与马来西亚棕榈油总署进行交流

2023 年 10 月 28 日，兰州牛肉拉面行业协会带领会员单位及优秀拉面师走进甘肃省军区综合训练队开展军地联谊活动。

军地联谊活动现场展示兰州牛肉拉面制作技艺

2024 年 3 月 6 日，甘肃省商务厅联合省人力资源社会保障厅、省总工会在兰州举办甘肃省百万职工劳动和技能竞赛兰州牛肉面大赛新闻发布会。省商务厅副厅长汪德元、省人力资源社会保障厅一级巡视员王丽萍、省总工会副主席罗世文、兰州牛肉拉面行业协会副秘书长马成虎出席发布会。人民网、光明日报、中国新闻网、新华社甘肃分社、甘肃日报、中国甘肃网、今日头条等 20 家媒体，兰州牛肉面品牌企业共 50 多人参加了新闻发布会。

本届大赛以“匠心传承 融合创新”为主题，由省商务厅、省人力资源社会保障厅与省总工会共同主办，兰州牛肉拉面行业协会和第三方机构承办。大赛分市州初赛、省级复赛、省级决赛、颁奖典礼等环节。赛事评审分为笔试和现场实操两个部分，设一等奖、二等奖、三等奖、“技能之星”奖和优秀参与奖。

甘肃省百万职工劳动和技能竞赛兰州牛肉面大赛新闻发布会现场

兰州牛肉拉面行业协会面对市场发展的新形势，积极拥抱电商时代的来临。2024 年 4 月 22 日，由兰州市民族宗教事务委员会主办，兰州资源环境职业技术大学承办，兰州牛肉拉面行业协会、兰州市民族餐饮食品行业协会联合协办的“新媒体赋能助力民族经济发展电商运营培训班”开班仪式隆重召开。

此次培训邀请了业内知名专家和成功企业家为学员分享他们的经验和见解，通过互动交流和实践案例的分享，给学员带来很多启发和收获。

新媒体赋能助力民族经济发展电商运营培训班现场

2024 年 4 月 26 日，为深化兰州牛肉拉面产业的知识产权保护，促进传统文化创新传承，在第 24 个世界知识产权日到来之际，由兰州市城关区人民法院主办，甘肃省高级人民法院与兰州市中级人民法院共同参与的兰州牛肉拉面知识产权保护研讨会举行。

兰州牛肉拉面知识产权保护研讨会现场

甘肃省高级人民法院民事审判第三庭副庭长刘锦辉，兰州市市场监督管理局副局长、市知识产权局局长陈贤普，兰州市中级人民法院副院长宋艳刚，兰州市城关区人民法院副院长张炜，兰州牛肉拉面行业协会会长马利民及西北民族大学法学院副教授安兵等参加会议。这次研讨会会聚了来自政府、法院、企业、高校的代表等50余位嘉宾，共同探讨如何进一步提升知识产权保护水平，从而更好地维护并提升牛肉面品牌价值。

2024年6月3日，广州市民族宗教事务局一级调研员欧阳大力率队，专程赶赴兰州牛肉拉面行业协会，就信息化应用及兰州牛肉拉面产业发展展开深入调研。此次调研旨在借鉴兰州在民族宗教事务管理信息化方面的先进经验，以及兰州牛肉拉面产业的创新发展模式。兰州市民族宗教事务委员会副主任陈学贵、兰州牛肉拉面行业协会会长马利民全程陪同调研。

座谈会上，双方围绕信息化技术在民族宗教事务管理中的支撑应用展开热烈讨论。欧阳大力表示，广州在民族宗教事务管理方面正积极推进“数字政府”建设，希望通过此次调研，学习兰州的经验，进一步优化民族宗教大数据管理体系，实现数据共享、业务协同，为民族群众和宗教界人士提供更加高效、便捷的服务。

广州市民族宗教事务局、兰州牛肉拉面
行业协会调研座谈会现场

五、注册商标，打造品牌

要想使兰州牛肉面走得远、走得久，就要有自己的商标，形成自己的品牌识别体系。醒目的商标可让人一眼看去就留下深刻的印象，使兰州牛肉面品牌深入人心。兰州牛肉拉面行业协会配合兰州牛肉面走向全国的步伐，积极筹备商标注册工作。在兰州市政府的主导下，金鼎牛肉面公司配合兰州市商业贸易委员会，于"首届中国兰州牛肉拉面节"期间，启动了兰州牛肉拉面商标注册申请工作。

1. 成功注册商标

2007 年 7 月，通过网络媒体和平面媒体面向全国征集兰州牛肉拉面商标图案，共收到来自除台湾、澳门和西藏以外 31 个省、自治区、直辖市和特别行政区的参选作品 449 件。收到作品后，兰州市商业贸易委员会组织有关部门、专家学者、行业代表和企业代表组成了评审小组，进行了三轮评选。第一轮选出主题明确、设计新颖的作品 100 件；第二轮筛选出 20 件优秀作品；第三轮通过新闻媒体将这 20 件优秀作品公开面向兰州市民进行投票评选，根据市民投票结果选出了 4 件得票最高的作品。经各方评议、政府决策，最终确定了一位成都设计人员提交的设计作品。在经过修改后，此作品作为提交注册的兰州牛肉拉面商标图案。

2007 年 9 月，兰州商业联合会作为申报主体，向国家商标局提起了兰州牛肉拉面商标注册申请。2010 年 3 月 28 日，该商标被准予注册，并进行了公告，商标专用权期限从 2010 年 3 月 28 日至 2020 年 3 月 27 日。

到期之后，商标持有者变更为兰州牛肉拉面行业协会至今。自此，兰州牛肉拉面商标正式注册成功。

这件以“一个绿色的剪影，一轮火红的太阳，配以简洁明快的线条，下方加以兰州牛肉拉面字样”为主要内容的商标，是兰州市民自己“海选”出来的牛肉拉面标识。之所以选择目前这款商标，是因为其中每个元素都与兰州牛肉拉面息息相关。绿色剪影仿佛拉面师正在用力拉面，手臂中间的线条既是他手中上下抖动的面条，又象征着与兰州穿城而过的黄河。整个商标的外观轮廓又酷似健硕的牛头，红色的人头在整个图案中又象征着黄土高坡上冉冉升起的太阳，预示着兰州牛肉拉面起步腾飞，前景广阔。

兰州牛肉拉面商标的诞生，标志着兰州牛肉拉面从分散的小餐馆、个体经营向品牌化、规范化发展迈出了关键一步，成为兰州牛肉拉面走向全国、走向世界的重要载体。

兰州牛肉拉面商标

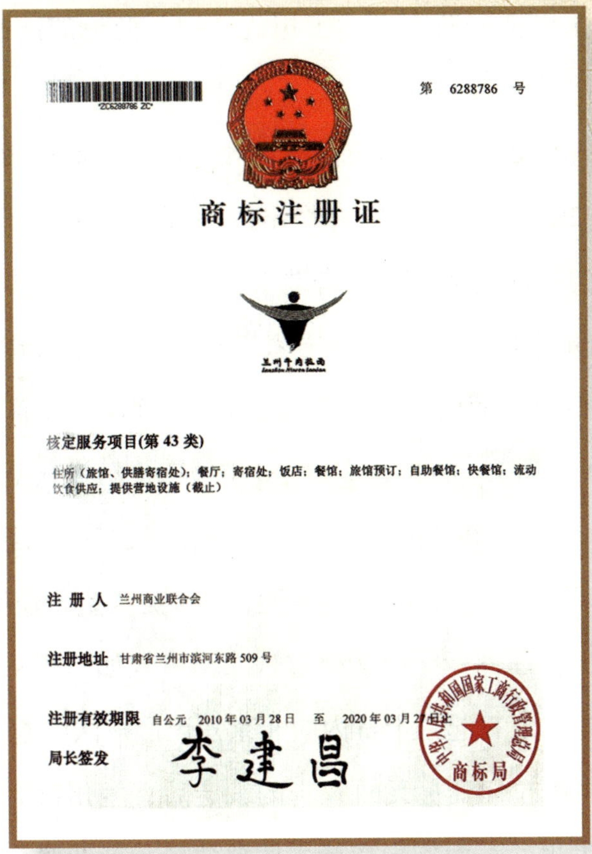

第 6288786 号

商标注册证

核定服务项目(第 43 类)

住所（旅馆、供膳寄宿处）；餐厅；寄宿处；饭店；餐馆；旅馆预订；自助餐馆；快餐馆；流动饮食供应；提供营地设施（截止）

注 册 人 兰州商业联合会

注册地址 甘肃省兰州市滨河东路 509 号

注册有效期限 自公元 2010 年 03 月 28 日 至 2020 年 03 月 27 日止

局长签发 李建昌

中华人民共和国国家工商行政管理总局 商标局

兰州牛肉拉面商标注册证

2. 围绕纠纷成功维权

兰州牛肉拉面商标的成功注册，引发了社会的高度关注。从行业发展角度来看，它为“兰州牛肉拉面”这一金字招牌走向全国、走向世界提供了坚实的法律保护，是兰州牛肉拉面品牌建设的重要里程碑。统一的标识将兰州的地域文化、美食特色和品牌价值浓缩在一个简洁而富有创意的符号中，便于在各种传播渠道上进行推广和传播。但是，也有一些外地的兰州牛肉面经营者表示了担忧，担心商标的注册会形成垄断，影响他们的正常经营。

2017 年 12 月 28 日，兰州市商务局收到国家工商行政管理总局商标评审委员会于 2017 年 11 月 30 日作出的商评字〔2017〕第 0000152964 号“对兰州牛肉拉面商标无效宣告请求的裁定书”，才知道早在 2016 年 10 月，河北沧州市的王某某就向国家工商行政管理总局商标评审委员会提出“兰州牛肉拉面商标无效宣告请求”，理由一是商标“兰州牛肉拉面 Lanzhou Niurou Lamian 及图”含有县级以上行政区划城市名称“兰州”，有违《中华人民共和国商标法》，理由二是商标缺乏显著性。商标评审委员会最后裁定:“整体缺乏显著性，不易被相关公众作为商标识别，因此对兰州牛肉拉面商标予以无效宣告。当事人如不服从本次裁定，可以自收到本裁定书之日起三十日内向北京知识产权法院起诉。”

收到兰州牛肉拉面商标无效宣告的裁定后，兰州市商务局一面积极向兰州市政府汇报，一面指导商标主体单位兰州商业联合会，会同兰州牛肉拉面行业协会积极应对，经过慎重研究，决定向北京知识产权法院提起诉讼，争取判决兰州牛肉拉面商标为有效商标。经过紧张的准备，广泛收集各项支持资料，提交了 2010 年 7 月 1 日出台的《兰州牛肉拉面商标使用管理暂行办法》，兰州牛肉拉面图标设计内涵及说明，兰州牛肉拉面制作工艺及流程，兰州牛肉拉面的吉尼斯纪录证明，兰州牛肉拉面列入甘肃省、兰州市非物质文化遗产名录证明，兰州牛肉拉面商标经过使用取得显著特征并便于公众识别的相关证据，兰州牛肉拉面的历史资料及宣传资料，以及兰州牛肉拉面商标的使用情况、消费者认可情况、市场影响力情况。

北京知识产权法院经过认真调查、审理，于2018年8月20日作出〔(2018)京73行初911号〕行政判决书，判决撤销国家工商行政管理总局商标评审委员会于2017年11月30日作出的关于“兰州牛肉拉面Lanzhou Niurou Lamian及图”商标无效宣告请求裁定，并要求国家工商行政管理总局商标评审委员会于判决生效后针对王某某就“兰州牛肉拉面 Lanzhou Niurou Lamian及图”商标所提起的无效宣告请求重新作出裁定，裁定：争议商标可以作为商标注册。

一审结束后，因商标评审委员会和王某某均不服原审判决，遂向北京市高级人民法院提起上诉。北京市高级人民法院于2018年10月30日受理该案后，依法组成合议庭进行了审理，于2019年1月24日作出终审裁定，判决：“驳回上诉，维持原判。本判决为终审判决。”这意味着一波三折的“兰州牛肉拉面”商标诉讼终于尘埃落定。

兰州牛肉拉面商标的胜诉对于兰州市乃至西部地区的经济发展意义重大。一方面，兰州牛肉拉面有兰州的“城市名片”之美誉，是兰州文化面向世界的代表；另一方面，包括兰州在内的西部地区经济基础本就薄弱，地方品牌的发展壮大更是不易，兰州牛肉拉面商标对于产业的规范化、品牌化、国际化将起到重要的支撑作用，对规范产业秩序、打响品牌知名度、开拓国际市场至关重要，还能极大提升兰州的城市形象，助力其在经济舞台上绽放光彩 。

3. 大张旗鼓推广品牌

2007年9月28日，由兰州市政府、甘肃省商务厅主办的“中国·兰州牛肉拉面节”在兰州开幕。开幕式上，甘肃省省长助理、兰州市市长张津梁和甘肃省工商局局长朱同心共同为兰州牛肉拉面标识揭幕。兰州市委副书记张建昌致辞。

此次节会，由兰州市政府和甘肃省商务厅主办，兰州市商务局、城关区政府承办，兰州市民族宗教事务委员会、市人力资源社会保障局、市卫生局、市工商局、兰州牛肉拉面行业协会协办。

“中国·兰州牛肉拉面节”是兰州牛肉拉面行业协会自成立以来首次参与大型展会活动，参与了开幕式承办、兰州牛肉拉面技术比赛、百人牛肉拉面展示表演、兰州牛肉拉面发展研讨等工作。节会期间，协会还配合组委会组织评选出10家“市民喜爱的牛肉拉面馆”和“礼仪之星”。

兰州市领导在“中国·兰州牛肉拉面节”开幕式上致辞

在“中国 · 兰州牛肉拉面节”开幕式上，甘肃省、兰州市领导为兰州牛肉拉面标识揭幕

“中国 · 兰州牛肉拉面节”活动现场展示拉面技艺

“中国·兰州牛肉拉面节”参会工作人员合影

这场盛会吸引了大量市民和游客参与，通过精彩的技艺展示、丰富的文化活动，兰州牛肉面的文化底蕴和独特魅力得以充分展现，其知名度在全国范围内迅速提升，让其成为家喻户晓的地方特色美食。

2010 年 3 月 28 日，作为兰州特有的社会公共资源，兰州牛肉拉面商标正式获得国家工商行政管理总局商标局的审批，使用期限为 10 年。同时，《兰州牛肉拉面商标使用管理暂行办法》于 7 月 1 日正式实施。该办法规定，凡在兰州行政区划内，已经营或拟经营兰州牛肉拉面的餐饮企业或个人，以及生产经营与兰州牛肉拉面相关、相配套产品的企业或个人，申请兰州牛肉拉面商标的，采用普通许可方式，对连锁经营企业，由总店或公司统一申报，一店一证。

2010 年 7 月 4 日，兰州牛肉拉面商标特许使用单位授牌仪式隆重举行。兰州市委、市人大、市政府、市政协领导为兰州牛肉拉面商标揭牌。

金鼎牛肉面鸿宾楼店、马子禄牛肉面大众巷店、马有布牛肉面旧大路店、东方宫牛肉面北滨河路店等 100 家牛肉面馆获得商标授牌。

兰州牛肉拉面商标特许使用单位授牌仪式现场

获得兰州牛肉拉面商标授牌的部分企业

2022年6月23日，兰州市市场监督管理局副局长陈贤普一行在兰州拉面行业协会相关人员陪同下，深入兰州市牛肉面产业园（树坪）、甘肃陇萃堂营养保健食品股份有限公司、兰州金城虎拉面有限公司，对兰州牛肉面商标使用及品牌发展情况进行调研，围绕充分发挥商标作用、帮助企业做大品牌进行了探讨。

在整个调研行程中，陈贤普围绕充分发挥商标作用、助力企业做大品牌这一核心，从产品质量把控、品牌宣传策略、市场拓展方向等多维度与各企业交流。他指出，兰州牛肉拉面商标区域公用品牌注册和培育工作已取得突破性进展，后续将积极落实省、市各级领导指示，全力支持兰州牛肉拉面产业构建新发展格局，提升产业化水平，助推兰州牛肉拉面商标品牌发展，增强品牌在国内外市场的竞争力，促使兰州牛肉拉面从“金字招牌”稳步迈向“金色产业”。

兰州市市场监督管理局调研活动现场

2023 年 5 月 24 日，为推动兰州牛肉拉面行业健康有序高质量发展，树立企业商标形象和企业品牌形象，扩大兰州牛肉拉面的社会影响力，举行了兰州牛肉拉面商标授牌仪式。兰州市市场监督管理局党组成员、副局长陈贤普，兰州市商务局党组成员、副局长刘志强，兰州牛肉拉面行业协会会长马利民出席会议。兰州牛肉拉面行业协会各会员单位负责人及企业代表共计 200 余人参加会议。

授牌仪式上，首批 50 家兰州牛肉面馆（店）被授予兰州牛肉拉面商标"金字招牌"。授牌仪式的举行，将进一步推动广大牛肉面企业发挥引领和示范作用，擦亮"兰州牛肉拉面"这一"金字招牌"。

兰州牛肉拉面商标授牌仪式现场

兰州牛肉拉面商标授牌仪式上颁发商标牌匾

六、申请非遗，传承文化

1. 申请国家级非物质文化遗产保护

作为拥有百年历史积淀的兰州牛肉面技艺，承载了兰州悠久的历史文化，蕴含着丰富的文化基因，承载着特色鲜明的民族记忆，它不仅代表了兰州的地域美食，更是代表了兰州人勤恳朴实、坚持不懈的精神风貌。随着科技不断发展，工业化浪潮席卷各行各业，兰州牛肉面的手工制作技艺面临着严峻的考验。如何将它真实、整体地传承下来，增强对兰州市的地域认同，就成为摆在大家面前的使命与重任。国家高度重视非物质文化遗产保护工作，推动了非物质文化遗产保护工作的深入开展。

2007 年 4 月 16 日，兰州市政府核准并公布了兰州市第一批非物质文化遗产项目名录，兰州牛肉面制作技艺等 11 项被列为民俗类非物质文化遗产。

2008 年 6 月 13 日，甘肃省政府批准省文化厅确定的第二批甘肃省非物质文化遗产名录（共计 88 项），兰州清汤牛肉面等 15 项被列为民俗类非物质文化遗产。兰州牛肉拉面凭借其深厚的历史文化内涵和独特的制作工艺，成功晋升为甘肃省省级非遗项目。这不仅是对兰州牛肉面文化价值的进一步认可，更为其后续的申遗工作奠定了坚实基础。

2009 年，兰州牛肉拉面行业协会积极配合政府部门将兰州牛肉拉面申报国家级非物质文化遗产项目名录。尽管因当时评审要求中对濒危现状的特殊规定未能获得认可，但这一尝试让申遗团队积累了宝贵的经验，也为后续的申报工作探明了工作方向。

2017年6月，为配合做好兰州牛肉面申请国家非物质文化遗产工作，兰州牛肉拉面行业协会积极开展行业发展及连锁情况的摸底工作，开展实体及大数据网络调查。

2018年，第十三届全国人大代表、兰州牛肉拉面行业协会会长马利民在参加全国两会期间，向外界透露兰州牛肉面计划申报国家非遗的消息。这一消息一经传出，便引发了社会各界的广泛关注。相关部门迅速行动，开始协调推进申遗工作。他们积极组织专业人员深入发掘兰州牛肉面的文化传承，收集、整理了大量的历史文献、民间故事以及制作工艺资料，为申报工作提供了丰富而翔实的内容支撑。

2019年，兰州市政府出台了《兰州牛肉拉面提升发展质量行动实施方案》，明确提出要组织专业人员深入发掘文化传承，收集、整理、提炼相关故事，并广泛宣传兰州牛肉面文化。该方案的出台为兰州牛肉面的申遗工作提供了政策指引和保障。兰州市商务局积极响应，以兰州市文化和旅游局为申报主体，与非遗申报部门紧密合作，提供大量文献资料。自当年8月开始，历时两个多月，申报团队夜以继日地撰写申报书、拍摄制作申报视频，每一个环节都精益求精，力求完美。最终于9月30日前按要求完成了全部资料的申报工作，并一次性通过省级专家认定。10月8日，申报资料顺利上报文化和旅游部非物质文化遗产司，成功通过初审。

2020年6月12日，甘肃省商务厅、省文化和旅游厅支持，兰州市商务局、兰州市文化和旅游局、兰州牛肉拉面行业协会联合主办的2020年“文化和自然遗产日”暨兰州牛肉拉面非遗促消费活动在兰州顺利启动。甘肃省商务厅副厅长任福康表示，兰州牛肉拉面作为甘肃省非物质文化遗产的代表，传承久远、品位独特、群众喜爱、市场认可，经百年发展，已具有一定产业规模，品牌影响巨大，成为甘肃省在国内外的一块“金字招牌”，成为弘扬陇原饮食文化、打造甘肃餐饮品牌的“形象代言”。兰州市商务局副局长刘志强对兰州牛肉拉面非遗促消费活动作了具体部署。

非遗促消费活动当天，全市各牛肉面馆配合开展了“吃牛肉面送鸡蛋、送小菜”的让利惠民活动，并在店面悬挂、张贴主题宣传横幅、海报，引导广大市民积极参与，促进消费，推动非遗项目融入现代生活，营造全社会关注和参与非遗保护的良好氛围。

兰州牛肉拉面行业协会会长马利民在“文化和自然遗产日”
暨兰州牛肉拉面非遗促消费活动启动会上致辞

兰州牛肉拉面行业协会会长马利民对甘肃省、兰州市对牛肉面发展支持政策的贯彻落实作了部署，要求牛肉面企业要实实在在做好自己的主业，把自己的品牌做精做细，量化标准，不断创新适应消费者需求，以人力资源为保障，解决好就业，稳定市场供应，让广大市民吃上一碗幸福满满的优质牛肉面。

2020 年 10 月 17 日，兰州市商务局组织牛肉拉面品牌企业参加第七届成都国际非遗节。借助这一国际平台，兰州牛肉面再次向世界展现了其独特魅力，吸引了更多关注，为申遗成功营造了良好的外部环境。

2021 年 6 月 10 日，国务院批准文化和旅游部确定的第五批国家级非物质文化遗产代表性项目名录（共计 185 项）和国家级非物质文化遗产代表性项目名录扩展项目名录（共计 140 项），兰州牛肉面制作技艺入选国家级非物质文化遗产代表性项目名录扩展项目名录，成为唯一入选该项目的面食手工制作技艺。

兰州牛肉面制作技艺申遗成功后，其品牌价值得到了显著提升，成为兰州当之无愧的城市名片。消费者对非遗美食的认可和信任度大幅提高，吸引了越来越多的人前来品尝正宗兰州牛肉面。兰州牛肉面申遗成功极大地增强了兰州人民对本土文化的认同感和归属感。

兰州牛肉面制作技艺入选国家级非物质文化遗产代表性项目名录，这意味着其制作技艺和文化内涵将得到更高级别的保护和传承。作为兰州的特色文化符号，兰州牛肉面承载着当地的历史、民俗、宗教等丰富文化元素。它见证了兰州这座城市的发展变迁，记录了几代兰州人的生活记忆。申遗成功后，通过非遗代表性传承人技艺展示、文化历史讲解以及线下美食节活动等多种形式，兰州牛肉面文化得以深入挖掘和广泛传播，塑造了兰州牛肉拉面作为地方文化与中华饮食文化代表性符号的独特形象，让这一传统美食文化在新时代焕发出新的生机与活力。

索 引 号：000014349/2021-00052　　主题分类：文化、广电、新闻出版文化

发文机关：国务院　　成文日期：2021年05月24日

标题：国务院关于公布第五批国家级非物质文化遗产代表性项目名录的通知

发文字号：国发〔2021〕8号　　发布日期：2021年06月10日

第五批国家级非物质文化遗产代表性项目名录

(共计185项)

八、传统技艺

943	Ⅷ-160	传统面食制作技艺（太谷饼制作技艺）	山西省晋中市太谷区
		传统面食制作技艺（李连贵熏肉大饼制作技艺）	吉林省四平市
		传统面食制作技艺（邵永丰麻饼制作技艺）	浙江省衢州市柯城区
		传统面食制作技艺（缙云烧饼制作技艺）	浙江省丽水市缙云县
		传统面食制作技艺（老孙家羊肉泡馍制作技艺）	陕西省
		传统面食制作技艺（西安贾三灌汤包子制作技艺）	陕西省
		传统面食制作技艺（兰州牛肉面制作技艺）	甘肃省兰州市
		传统面食制作技艺（中宁蒿子面制作技艺）	宁夏回族自治区中卫市中宁县
		传统面食制作技艺（馕制作技艺）	新疆维吾尔自治区
		传统面食制作技艺（塔塔尔族传统糕点制作技艺）	新疆维吾尔自治区塔城地区塔城市

兰州牛肉面制作技艺入选第五批国家级非物质文化遗产代表性项目名录

十八年申遗路，一朝梦终成。兰州牛肉拉面行业协会与企业一起，以非遗保护为引领，深挖兰州牛肉面文化内涵，推动产业高质量发展，让兰州牛肉面在传承中创新、在创新中发展，持续为兰州市的经济繁荣

和文化传承贡献力量，让这碗承载着兰州历史与情感的牛肉面香飘万里、历久弥新，在时代的长河中绽放出更加耀眼的光芒。

2023 年 7 月 15 日，由中国烹饪协会、兰州市商务局、兰州市文化和旅游局主办，中国烹饪协会民族餐饮旅游专业委员会、兰州牛肉拉面行业协会承办的全国“兰州牛肉面”非遗文化传承创新发展论坛暨培训在兰州举行。

中国烹饪协会副会长乔杰，兰州市商务局局长刘世英，兰州市文化和旅游局局长王柠，兰州市商务局副局长刘志强，中国烹饪协会副会长、兰州牛肉拉面行业协会会长马利民，企业文化和品牌战略学者王成荣，华中师范大学历史文化学院教授、博士生导师姚伟钧，北京、上海、天津、江苏、浙江、广东、陕西、新疆、青海、宁夏、甘肃等 11 个地区的老字号兰州牛肉面企业负责人，以及中国新闻网、甘肃日报等媒体工作人员近 200 人参加了会议。

会上还为全国“兰州牛肉面”制作技艺非物质文化遗产传承基地进行了揭牌，并分别颁发了兰州牛肉面非物质文化遗产技艺传承特聘证书和全国兰州牛肉面非遗传承与技艺创新高级研修培训合格证书。

兰州牛肉拉面行业协会会长马利民在全国"兰州牛肉面"非遗文化传承创新发展论坛暨高级研修培训活动现场致辞

全国"兰州牛肉面"制作技艺非物质文化遗产传承基地揭牌仪式现场

全国“兰州牛肉面”非遗文化传承创新发展论坛
暨高级研修培训参训人员合影

2.“中国牛肉拉面之乡”落地兰州

2010 年 3 月 22 日，为贯彻落实商务部《全国餐饮业发展规划纲要（2009—2013）》中关于“重点建设兰州中国牛肉面之乡”的要求，提升兰州牛肉面饮食文化和品牌效应，兰州市人民政府向中国烹饪协会提交了《关于申请认定“中国牛肉面之乡”的请示》，申请认定兰州市为“中国牛肉面之乡”，并授予“中国牛肉面之乡”称号。

兰州市人民政府
关于申请认定"中国牛肉面之乡"的请示

兰政发〔2010〕33号

中国烹饪协会：

兰州是甘肃省省会，位于我国陆域版图的几何中心，在西北处于"座中四联"的独特位置。现辖城关、七里河、西固、安宁、红古五区和永登、榆中、皋兰三县，全市总人口332.18万人，居住着汉、回、藏、东乡、裕固、撒拉等 51个民族。兰州自古是"丝绸之路"上的商埠重镇和著名的"茶马互市"，是新中国成立后重点布局建设的老工业基地之一。经过几十年特别是改革开放以来的建设发展，现已成为黄河上游最大的工业城市和我国西部重要的原材料工业基地、交通通信枢纽和区域性商贸中心，是沟通中国与中亚、西亚经济文化的交汇地之一。长期的历史文化积淀和多民族融合的区域特点，形成了兰州特有的人文资源和饮食文化，其中，兰州清汤牛肉面就是兰州饮食文化的代表之一。

兰州清汤牛肉面早期雏形叫"热锅子牛肉面"，是回族群众的一种特色饮食。1919年兰州人马保子在兰州市东城壕北口(现张掖路附近)开设第一家"牛肉面馆"，自此，兰州牛肉面这一餐饮品种诞生。后经几代人努力，不断发扬光大，现在的兰州牛肉面不仅保留了传统制作技艺，而且还在面的"清"字上下功夫，在"味"字上求实效，在"质"字上求发展，逐渐形成了"汤清者亮，肉烂者香，面细者长"的独特风格，创出了现在兰州牛肉拉面一清(汤清)、二白(萝卜片)、三红(辣子油)、四绿(蒜苗、香菜)和粗、细、宽、窄多种面型的特点，达到了色、香、味、形、养的和谐统一，成为经济、实惠、营养的民生食品。曾先后荣获全国名小吃"金鼎奖"、"清真名牌食品"、"中华小吃奖"；1999年12月被国家有关部门确定为中式快餐三大试点推广品种之一。目前，全市共有牛肉面馆1099家，遍布大街小巷，从业人员达1万余人，年营业额超过10亿元，每天大约有70万人享用牛肉面。全国各地有兰州牛肉面馆5万多家，从业人员56万余人，年营业额近166亿元。兰州牛肉拉面不仅是地方的餐饮美味和城市名片，更是中华餐饮文化的一朵奇葩，成为甘肃乃至西北最具知名度和影响力的餐饮品牌。

近年来，兰州牛肉拉面在广泛受到百姓的青睐的同时，也引起了一些专家学者的广泛关注，《兰州牛肉面》、《兰州拉面》《兰州牛肉面宝典》等专著已陆续出版面世，这在餐饮界对一个面食品种而言是前所未有的。为了更好地保护和发掘兰州牛肉拉面这一美食文化，引导和推动兰州牛肉拉面产业不断向前发展，2000年中国烹饪协会、兰州市人民政府和甘肃省商务厅共同组织了全国性的"首届中国兰州牛肉拉面技术大赛"，2000-2003年先后颁布了《兰州牛肉拉面地方标准》和《兰州牛肉拉面馆(店)分等定级地方标准》，成立了兰州牛肉拉面行业协会。2007年成功举办了"首届中国兰州牛肉拉面节"，并通过向全国征集的方式，确定了兰州牛肉拉面商标。

为贯彻落实国家商务部《全国餐饮业发展规划纲要(2009-2013)》中关于"重点建设兰州中国牛肉面之乡"的要求，整合提升兰州牛肉拉面饮食文化和品牌效应，加快兰州牛肉拉面产业发展步伐，丰富我国民族饮食文化，推动中式快餐健康有序发展，我市特申请贵会认定兰州市为"中国牛肉面之乡"，并授予"中国牛肉面之乡"称号。

妥否，请批示。

二〇一〇年三月二十二日

《关于申请认定"中国牛肉拉面之乡"的请示》

2010年7月13日，根据《兰州市人民政府关于申报“中国牛肉拉面之乡”的请示》，中国烹饪协会于2010年6月28日至7月1日派出专家组来到兰州，对兰州的牛肉面发展状况进行了实地考察和研讨。

通过对兰州牛肉面历史文化和发展现状的充分了解，结合专家建议，中国烹饪协会最终研究决定,命名甘肃省兰州市为“中国牛肉拉面之乡”。

专家组认为，兰州牛肉面拥有完整、成熟、独特的技术体系与风味体系，拥有悠久的发展历史、深厚的文化积淀、鲜明的风味个性和广阔的消费市场，还拥有相当的品牌知名度和影响力、实力较强的烹饪人才队伍等优势，兰州市被命名为“中国牛肉拉面之乡”，既符合兰州市人民的意愿，也符合行业发展需要，更符合传统餐饮的发展方向。

这一称号的获得，进一步巩固了兰州作为牛肉面发源地的地位，为兰州牛肉面文化的传承与推广提供了有力支撑。

“中国牛肉拉面之乡”牌匾

七、展示形象助力腾飞

兰州牛肉拉面行业协会在兰州市政府指导下，在兰州市商务局领导下，紧紧依托会员企业，特别是经营历史悠久的品牌牛肉面企业，常态化会商，不定期调研，研究行业发展中出现的问题，探索破解难题的办法和途径，和会员企业一起，多途径、多形式开展了丰富多彩的活动，引领和伴随着行业健康、快速的成长。

1. 宣传展示兰州牛肉面形象

2008 年 11 月 13 日，由兰州市委、市委宣传部、市委统战部、市政府国资委、市政府发展研究中心指导，由兰州日报社主办的“兰州改革开放 30 周年风云人物”颁奖典礼在兰州举办。兰州牛肉拉面行业协会会长马利民获得“十大杰出贡献人物”荣誉称号。

2011 年 7 月，兰州牛肉拉面行业协会配合中央电视台导演陈晓卿、胡迎迎，在金鼎牛肉面鸿宾楼店完成了纪录片《舌尖上的中国》第一季第二集“主食的故事——兰州牛肉面”的拍摄。兰州牛肉面传承人马文斌沉稳霸气地演绎了兰州牛肉拉面的制作过程，向世界展示兰州牛肉拉面形与味的魅力。《舌尖上的中国》播出后，引发全社会追寻美食的热潮，很多游客来兰州争相一睹马文斌大师的拉面表演，宣传了兰州牛肉面，传播了兰州牛肉面文化，彰显了兰州市新型城市形象。

A Bite of China
舌尖上的中国
兰州牛肉面第四代
传人马文斌先生在中央
电视台《舌尖上的中国》
节目中表演拉面绝活。

《舌尖上的中国》宣传海报

配合兰州美食走向海内外的热潮，2012年8月6日，由中国国际商会、中国烹饪协会、兰州市政府、甘肃省商务厅联合主办，兰州市商务局承办，兰州牛肉拉面行业协会协办的2012中国兰州牛肉拉面节在甘肃国际会展中心广场举行。甘肃省、兰州市相关领导，中国国际商会以及陕西、青海、宁夏、新疆等省区嘉宾应邀出席。

在拉面节上，兰州牛肉拉面行业协会组织了百人拉面表演、兰州牛肉拉面产品展示、牛肉拉面绝技绝活表演等活动，市民争相观看、好评如潮，赢得了热烈的社会反响。

2012中国兰州牛肉拉面节活动现场

蘭州晚報

封面新闻

今日56版 A叠32版 B叠8版 C叠8版 T叠8版 总第11068期

2012年8月7日 星期二 壬辰年六月二十 报料热线：4286666 http://www.lzbs.com.cn

2012中国兰州牛肉拉面节

昨日隆重开幕

全省名优风味小吃展销会同日开市

牛肉面创始人马保子的传人表演拉面 ■A01-A03版 □首席记者 马军 摄

《兰州晚报》报道2012中国兰州牛肉拉面节

2013 年 3 月 28 日，中央电视台东方时空栏目就“网传兰州牛肉拉面蓬灰超标会致癌”进行了调查，并否定了所谓“蓬灰致癌”的谣言。兰州牛肉拉面行业协会积极配合兰州市有关部门发声，维护行业形象，保护兰州牛肉面声誉不受影响。中国新闻网发文《网传兰州牛肉面加蓬灰致癌　检验报告称可放心食用》，《人民日报》刊文《网传兰州拉面用蓬灰致癌　经检测不危害人体健康》。

中央电视台新闻频道辟谣“蓬灰致癌”

2013年6月20日，兰州牛肉拉面行业协会组织参加了由商务部、中国饭店协会等举办的第二届中国饭店文化节暨首届中国面条文化节，兰州牛肉拉面被评为“中国十大面条”，兰州金鼎饮食管理有限公司获得“中国十大面条名店”称号，马文斌荣获“中国面条大师”称号。

“中国十大面条”牌匾

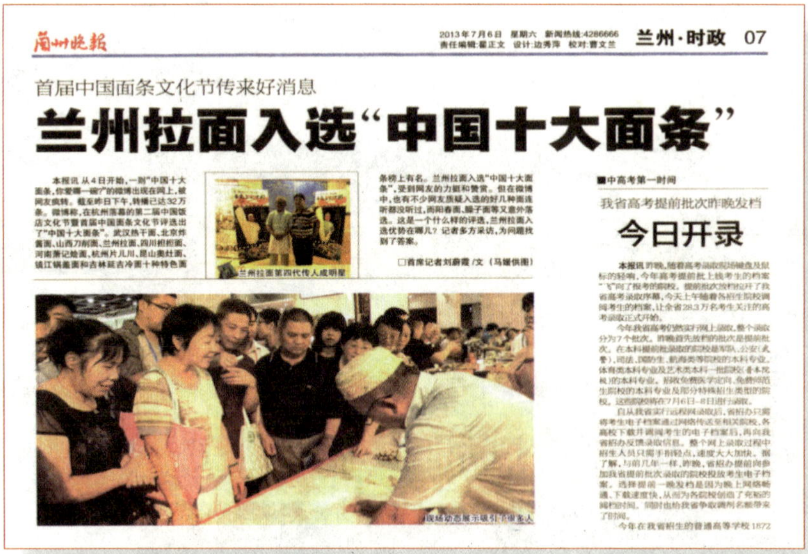

兰州晚报

2013年7月6日 星期六 新闻热线:4266666
责任编辑:翟正文 设计:边秀萍 校对:曹文兰
兰州·时政 07

首届中国面条文化节传来好消息

兰州拉面入选“中国十大面条”

本报讯 从4日开始，一则“中国十大面条，你爱哪一碗?”的微博出现在网上，被网友疯转。截至昨日下午，转播已达32万条。微博称，在杭州落幕的第二届中国饭店文化节暨首届中国面条文化节评选出了“中国十大面条”。武汉热干面、北京炸酱面、山西刀削面、兰州拉面、四川担担面、河南萧记烩面、杭州片儿川、昆山奥灶面、镇江锅盖面和吉林延吉冷面十种特色面条榜上有名。兰州拉面入选“中国十大面条”，受到网友的力挺和赞赏。但在微博中，也有不少网友质疑入选的好几种面连听都没听过，而阳春面、臊子面等又意外落选。这是一个什么样的评选，兰州拉面入选优势在哪儿？记者多方采访，为问题找到了答案。

□首席记者刘蔚霞/文（马媛供图）

兰州拉面第四代传人成明星

现场动态展示吸引了很多人

■中高考第一时间

我省高考提前批次昨晚发档

今日开录

本报讯 昨晚，随着高考录取现场键盘及鼠标的轻响，今年高考提前批上线考生的档案“飞”向了报考的院校。提前批次放档拉开了我省高考录取序幕，今天上午随着各招生院校调阅考生的档案，让全省28.3万名考生关注的高考录取正式开始。

今年我省高考仍然实行网上录取，整个录取分为7个批次。昨晚首先放档的批次是提前批次。在本科提前批录取的院校是军队、公安（武警）、司法、国防生、航海类等院校的本科专业、体育类本科专业及艺术类本科一批院校（含本院校）的本科专业、招收免费医学定向、免费师范生院校的本科专业及部分特殊招生类型的院校。这些院校将在7月6日—8日进行录取。

自从我省实行远程网上录取后，省招办只需将考生电子档案通过网络传送至相关院校，各高校下载并调阅考生的电子档案后，再向我省招办反馈录取信息。整个网上录取过程中招生人员只需手指轻点，速度大大加快。据了解，与前几年一样，昨晚，省招办提前向参加我省提前批次录取的院校投放考生电子档案。选择提前一晚发档是因为晚上网络畅通、下载速度快，从而为各院校创造了充裕的阅档时间，同时也给我省争取调剂名额带来了时间。

今年在我省招生的普通高等学校1872

《兰州晚报》报道首届中国面条文化节

2014 年 7 月 7 日，在兰州市商务局和兰州牛肉拉面行业协会的积极策划组织下，由甘肃省商务厅、兰州市政府主办，兰州市商务局、兰州牛肉拉面行业协会承办的“首届中国·兰州国际拉面博览会”在兰州开幕。甘肃省商务厅、兰州市政府等主要领导出席开幕式，省市相关部门、国内外知名牛肉拉面企业等 300 多人参加了开幕式现场活动。

“首届中国·兰州国际拉面博览会”开幕式现场

“首届中国·兰州国际拉面博览会”活动现场进行拉面技艺展示

2015年11月23日，兰州牛肉拉面行业协会召开工作年会和兰州牛肉面100周年庆典活动，回顾了兰州牛肉面100年的发展历程，提出了新时代兰州牛肉面的发展目标，评选出优秀兰州牛肉拉面师、中国兰州牛肉拉面大师、兰州牛肉面贡献人物、特殊贡献人物、十佳品牌面馆，并进行了表彰授牌。

相关领导在兰州牛肉拉面行业协会工作年会上为兰州牛肉拉面企业颁奖

兰州牛肉面100周年庆典活动参会人员合影

2016年5月1日，兰州牛肉拉面登上中央电视台五一特别节目《劳动与梦想》栏目，兰州牛肉面传承人马文斌在节目中展示拉面技艺，使兰州牛肉拉面的社会影响力广为传播。

马文斌在《劳动与梦想》栏目中展示拉面技艺

《劳动与梦想》栏目嘉宾体验兰州牛肉拉面制作

2016年9月4日，中国烹饪协会和中央电视台在陕西咸阳举办“中国十大名面”邀请赛。兰州牛肉拉面被评为“中国十大名面”。兰州牛肉面传承人马文斌等做了精湛的拉面表演，现场制作品尝得到了专家评委的高度赞誉。

“中国十大名面”邀请赛现场

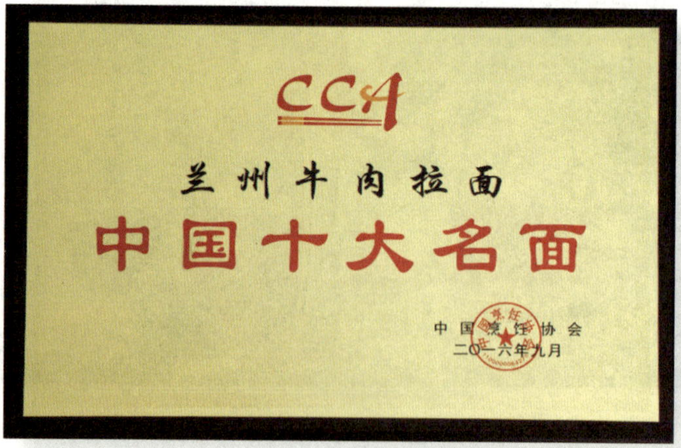

“中国十大名面”牌匾

通过多年来不断的努力，兰州牛肉拉面行业协会的辛勤付出得到回报，工作得到了行业和社会的高度认可。2016 年 9 月 20 日，《中国文化报》对兰州牛肉拉面行业协会的相关工作进行了报道。

挖掘餐饮文化　推动市场运作——

兰州牛肉拉面行业协会

立足专业标准，拓展品牌形象

兰州牛肉面的“金鼎模式”

兰州吾穆勒牛肉面

甘肃兰州人对「吾穆勒牛肉面」并不陌生，1992年，吾穆勒在师傅的帮助下，在兰州市城关区广场南口开了「吾穆勒蓬麦牛肉面」，经过多年的发展，现如今已成为知名老店。

1995 年“兰州吾穆勒牛肉面”正式挂牌。2002 年，广场南口的店面拆迁，“吾穆勒牛肉面”搬迁到了黄河北的兰州城，虽然没有了市中心的优势，但黄河北车流量大，吃牛肉面的客人来自五湖四海，不少人吃了面还要带走几斤牛肉，生意依然火爆。虽经历了 2003 年非典，2004 年兰州市北滨河路修路的考验，吾穆勒并没有轻言放弃。2005 年后，他的生意步入良性循环。2008 年，他在北滨河路拥有了 320 平米的产权房，“吾穆勒牛肉面”再次乔迁新居。2011 年，他又租用隔壁 700 平方米，将面馆的面积扩大到 1000 平方米。店面设有两层，一楼经营优质牛肉面，二楼经营优质套餐，整体装修朴素高雅，有包厢、雅座，适合各界各层人士就餐。

数年经历，都已成为吾穆勒从事餐饮行业的宝贵财富。他清楚地记得，过去的牛肉面，2 两/碗只需二两粮票加 1 毛 7 分钱，1992 年 1 块 5/碗，1996 年，牛肉面行业推行消毒碗，牛肉面涨到 1 块 7/碗。后来每年都涨 2—5 角钱。直到现在，他的牛肉面一碗卖到 7 元。

2014 年，搜狐新闻客户端美食家大会在北京举行，由全国 70 个城市 700 位专业“吃货”组成的“吃货自媒体联盟”推选出“中国 100 家最好吃的餐厅”，兰州“吾穆勒牛肉面”榜上有名。

这一好消息是甘肃兰神国际旅行社总经理裴建宏第一时间获知的，消息源正是来自上海的游客。作为兰州最大的地接旅游社，今年，这个旅行社推出了“做一天兰州人”主题体验活动，高端游客到“吾穆勒牛肉面”二楼吃套餐，普通游客自己跟师傅点“二细”、“大宽”，的牛肉面，成了不少游客体验原汁原味的兰州市民生活的首选。裴建宏说，餐饮文化是旅游“吃、住、行、游、购、娱”六大要素的首要内容，游客跟拉面师傅的良好互动，已经成为兰神国际旅行社地接的一个固定项目。

“兰州吾穆勒牛肉面”采用独特的配方，使牛肉面汤汁浓郁，其特点有“三精”——一是选料精良，二是制作精细，三是味道精美。所用的蒜苗、香

《中国文化报》对兰州牛肉拉面行业协会工作的相关报道

2017年5月，兰州牛肉拉面行业协会微信公众号、今日头条号正式开通，全力打造宣传平台，全面集中展示宣传牛肉面企业。

兰州牛肉拉面行业协会微信公众号二维码

为了进一步推动兰州牛肉面走向全国、走向世界，不断扩大兰州牛肉面的社会影响力，提升兰州的新型城市形象，助力兰州经济快速发展和社会不断进步，2017年7月4日，由甘肃省商务厅、兰州市政府主办，兰州市商务局、市民族宗教事务委员会承办，兰州牛肉拉面行业协会等多家单位协办的“第三届中国·兰州国际牛肉拉面文化博览会暨兰州牛肉面高峰论坛”在兰州盛大启幕。此次盛会以“共建‘一带一路’，推动合作共赢”为主题，聚焦兰州牛肉拉面的历史文化传承与国际化发展新路径。

兰州牛肉面高峰论坛吸引了国内外400余位餐饮行业专家、学者、企业家以及相关政府部门代表齐聚一堂，从历史文化、产业发展、品牌建设等多个维度剖析了兰州牛肉拉面的优势与潜力。指出兰州牛肉拉面作为中华饮食文化的重要代表，具有鲜明的地域特色和深厚的文化内涵，这是其走向国际市场的核心竞争力。同时，也客观分析了当前面临的挑战，如国际市场对中式餐饮的认知差异、标准化建设难度大、海外市场拓展成本高等问题。

国际牛肉拉面文化博览会期间，评选出了10年品牌店、20年品牌店、30年品牌店、市民最喜爱的牛肉拉面店、兰州牛肉拉面创新奖。这次盛会面向国内外，全面系统地宣传了品牌牛肉面企业，展示了行业形象，受到全社会的关注和赞誉，为兰州牛肉面蜚声海内外添加了能量、打下了基础，成为兰州牛肉面迅速走红全国的一个重要节点。

第三届中国·兰州国际牛肉拉面文化博览会开幕式现场

第三届中国·兰州国际牛肉拉面文化博览会
评选表彰活动实施方案

为弘扬兰州牛肉拉面文化，提升兰州牛肉拉面品牌企业知名度，推进兰州牛肉拉面品牌化、产业化发展，特表彰一批对兰州牛肉拉面作出突出贡献并起到示范带动作用的品牌企业和个人，现制定《第三届中国·兰州国际牛肉拉面文化博览会评选表彰活动实施方案》。

一、组织单位

第三届中国·兰州国际牛肉拉面文化博览会组委会

兰州市商务局　　兰州牛肉拉面行业协会

二、评选范围

兰州市范围内注册并经营、推广兰州牛肉拉面的品牌企业和个人。

三、评选内容及标准

（一）评审表彰品牌牛肉面店

企业报名，协会筛选推荐在兰州有较高知名度和较强影响力，经营信誉良好并深受广大市民喜爱，被行业内认可；创建本企业直营店开业经营分别在三十年（含三十年）、二十年（含二十年）、十年以上；总部设在兰州，依法注册，证照齐全，诚信经营，无不良记录、违法违纪行为和安全事故的品牌店。经评定符合条件的，由兰州市商务局、兰州牛肉拉面行业协会授予“兰州牛肉拉面三十年品牌店”、“兰州牛肉拉面二十年品牌店”、“兰州牛肉拉面十年品牌店”牌匾并给予奖励，以此鼓励兰州牛肉拉面持续稳定发展。

（二）评选市民最喜欢的牛肉拉面店

企业报名，拟选我市60家牛肉面馆（含三县、新区和红古），通过吃喝玩乐的兰州网络平台评选投票，由市民投票、特邀评判和专家评分、评选三部分组成，最终选定得票高的前20家牛肉面馆入围。名额分配：兰州市15家，三县、新区和红古各1家。20家获奖企业由兰州牛肉拉面行业协会颁发“市民最喜欢的兰州牛肉面”牌匾，统一刊登报纸和媒体，面向社会宣传报道。

（三）评选兰州牛肉拉面创新奖

从在兰州牛肉拉面发展过程中，热衷于兰州牛肉拉面传承和创新，将兰州牛肉拉面与互联网结合创新，对兰州牛肉拉面产业化发展作出贡献，无不良记录、违法违纪行为的兰州牛肉面企业和个人中，评选兰州牛肉拉面创新奖。经评定符合条件的，由兰州市商务局、兰州牛肉拉面行业协会授予兰州牛肉拉面创新奖奖牌及证书。

四、评选程序

1. 申报程序：企业和个人自愿申报。

2. 组织评选：兰州牛肉拉面行业协会组织人员对申报参加评选的企业和个人进行资质审查；对符合条件的企业和个人，由第三届中国·兰州国际牛肉拉面文化博览会评审小组组织人员评选。

3. 公示结果：为了确保评选活动的公平、公正、公开性，对选定的企业和个人，通过吃喝玩乐的兰州网络平台、兰州牛肉拉面行业协会网站和相关媒体进行公示。

五、表彰奖励

对入选的单位、企业和个人在本次活动开幕式上进行表彰，并通过媒体采访宣传、颁发奖牌证书、奖励等方式，实现评定效益最大化。

1. 品牌牛肉拉面店授牌并奖励。

(1)“兰州牛肉拉面三十年品牌店”授牌并奖励；

(2)“兰州牛肉拉面二十年品牌店”授牌并奖励；

(3)“兰州牛肉拉面十年品牌店”授牌并奖励。

2. 市民最喜欢的牛肉拉面店授牌。

3. 兰州牛肉拉面创新奖颁发奖牌及证书。

《第三届中国·兰州国际牛肉拉面文化博览会
评选表彰活动实施方案》

第三届中国·兰州国际牛肉拉面文化博览会
评选表彰名单

一、兰州牛肉拉面三十年品牌店

金鼎牛肉面鸿宾楼店	马子禄牛肉面大众巷店
马有布牛肉面旧大路店	苍鹰牛肉面电力技校店
马有才牛肉面陇西路店	

二、兰州牛肉拉面二十年品牌店

吾穆勒牛肉面安宁总店	白老七牛肉面金城路店
陈作林陈记牛肉面西固店	沙家牛肉面武都路店
德元牛肉面西固店	张国仁牛肉面正宁路店
有德牛肉面总店	马俊礼牛肉面盐场路店
佘穆牛肉面平凉路店	达姆牛肉面二热店
大马记牛肉面临夏路店	虎啸牛肉面七里河店

三、兰州牛肉拉面十年品牌店

磨沟沿牛肉面磨沟沿店	金大碗牛肉面北面滩店
厚粮牛肉面	金强牛肉面五泉店
顶牛牛肉面西固店	金味德牛肉面天水路店
占国牛肉面五泉总店	金粮牛肉面五泉店
万里金汤牛肉面安宁店	熬骨香牛肉面西固店

四、兰州牛肉拉面创新奖

兰州金鼎饮食管理有限公司
兰州牛大美食文化有限公司
兰州东方宫清真餐饮集团有限公司
甘肃安泊尔投资有限公司
兰州顶乐餐饮服务有限公司
甘肃金味德餐饮有限公司
甘肃玉鼎牛肉拉面职业培训学校
兰州裕盛实业有限公司
兰州宝升福餐饮管理服务有限公司
兰州阿拉兰餐饮文化有限公司

五、市民最喜欢的牛肉拉面店

唏嘛香牛肉面西关总店	1915牛肉面张掖路店
塔山半坡牛肉面滨河路店	新区凯达精品牛肉面
陈作林陈记牛肉面西固店	思泊湖牛肉面五泉山店
阿拉兰牛肉面武都路店	成宜和牛肉面静宁路店
福碗记牛肉面红星美凯龙店	德元牛肉面西固店
一碗兰牛肉面广场店	安泊尔牛肉面北滨河路店
老大胡子牛肉面西固店	随心阁牛肉面雁滩店
双裕牛肉面雁滩公园店	金鼎牛肉面鸿宾楼店
白老七牛肉面金城路店	磨沟沿牛肉面文化宫店
马子禄牛肉面大众巷店	中裕兰牛肉面榆中店

第三届中国·兰州国际牛肉拉面文化博览会评选表彰名单

2017年10月25日，兰州牛肉面传承人马文斌受兰州市公安消防支队邀请，为年度全民消防大型公益活动代言。

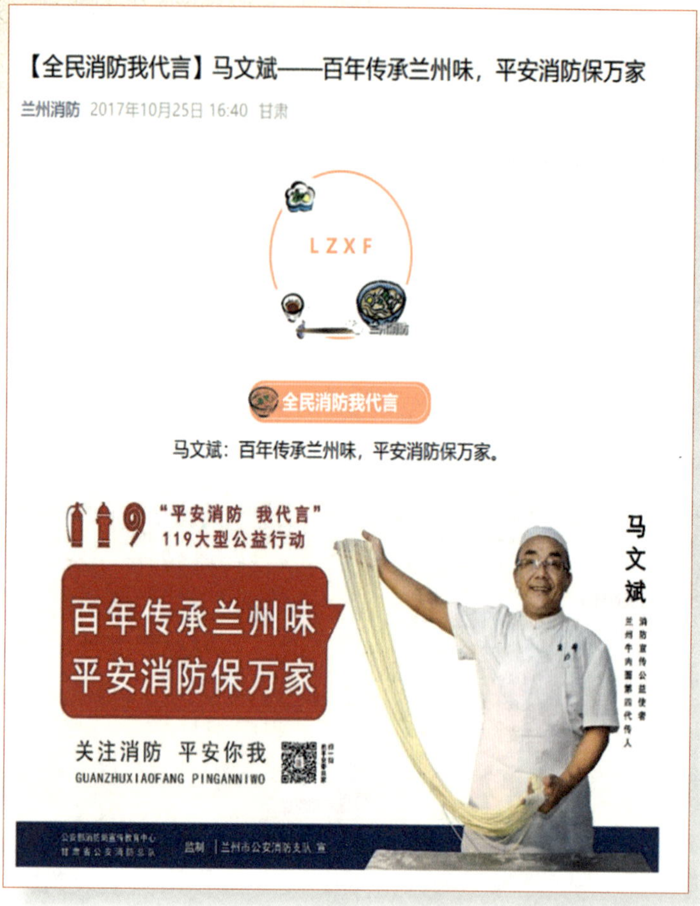

马文斌代言消防公益广告

为了以美食促旅游，以旅游带动餐饮，实现餐饮美食和文化旅游的相互融合，2018年4月26日，兰州牛肉拉面行业协会组织兰州牛肉面传承人马文斌，参加“环西部火车游”主题推介会。当天，兰州牛肉面精彩亮相并登录旅游专列火车进行展演。

蓬草、马子禄、舌尖尖……在“环西部火车游”旅游专列的火车老街主题区，牛肉面系列产品有序摆放在主题区餐桌上。大宽、韭叶、毛细……现场为参会嘉宾表演了精湛的拉面手法，一揉一拉一抻，面团就像变魔术一样，眨眼间就成了粗细不等的面条，引得推介会嘉宾纷纷驻足观看，拍手称赞。

4　兰州日报　2018年8月29日　星期三　民生

责任编辑：耿 春　组版：黄 珺　校对：安志刚

赏敦煌美景　品西部美食

牛肉面“坐上”火车开启“丝路之旅”

【本报讯】“终于在火车上吃上了期盼已久的正宗兰州牛肉面，给铁路点个赞。”8月28日，在兰州鼎鼎有名的“舌尖尖牛肉面”正式入驻兰州开往敦煌的Y（游）667/8次列车。记者看到，在拉面大师的娴熟“表演”下，一碗碗散发着浓郁香味的牛肉面被端上了列车餐桌。至此，兰州牛肉面坐火车开启了舌尖上的“丝路之旅”。

据悉，2018年4月份以来，中国铁路兰州局集团有限公司、兰州市商务局、兰州牛肉面行业协会相关负责人多次召开专题洽谈会，磋商兰州牛肉面上火车的“美食盛事”。兰州舌尖尖餐饮服务管理有限公司总经理白彪在车上表示，伴随着旅游列车的开行，牛肉面作为兰州的一张名片，展示给五湖四海的宾客们，通过这碗面向大家展示西北的美食。“食材是两头供应，从兰州走的时候将原材料都装上车，到终点站敦煌，那边的加盟商会及时补充和供应食材，确保食材的新鲜。前期也经过多次尝试，在器材、食材、制作方式上保证旅客在车上吃到的牛肉面和在城市里吃到的是一个味道。”记者了解到，列车上的牛肉面单碗售价18元，但车上主推套餐形式，38元套餐包含一碗面、一份肉、一颗蛋、一份小菜、一杯甜胚子。

快节奏的生活催生了当下越来越繁荣的旅游市场。而随着人们对美好生活更高的期望，大家对时间越短，地域越远的旅游需求愈发迫切。近年来，随着铁路部门的不断努力，更多地方的人通过乘坐高铁已经实现了短时间就能到各地景点畅游一番的愿望，相比坐飞机，许多人更愿意乘坐火车出门旅游，既可以享受旅途风景，又可以在车上吃到美食，“车上吃美食、车下看风景”成了新时代旅游的最好写照。

一带美食，一路美景。华夏美食，尽在舌尖。地处西北交通枢纽的中国铁路兰州局集团有限公司携手舌尖尖餐饮服务管理有限公司，从8月28日起，隔日在“环西部火车游Y667/8次”“敦煌号”列车上推出兰州牛肉面套餐，让甘肃兰州牛肉面走的更远。毕竟，让牛肉面上火车，对牛肉面产业来说，是发展的机遇；对铁路来说，是满足旅客需求的接地气便民之举；对旅客来说，是品尝当地美食的一次旅行。

“出门在外，如果能在乘坐的火车上吃到一碗可口的牛肉面，对我来说是一件很惬意的美事。”长期乘坐“敦煌号”列车在兰州和敦煌间“摆渡”的李先生满意地说。

为了做好此次“舌尖尖”牛肉面上车工作，兰州局集团公司在Y667/8次列车上，以兰州牛肉面文化为主题，对餐车进行“精心装扮”，让“一清二白三红四绿五黄”享誉华夏的兰州牛肉面在火车上有了“新家”。同时，集团公司客运处和兰州客运段积极对接兰州舌尖尖餐饮服务管理有限公司，对餐车服务员进行了劳动安全、防火安全、食品安全、设备使用等方面的岗前培训。

“赏敦煌美景，品西部美食，吃正宗牛肉面”。中国铁路兰州局集团公司客运部门负责人表示，让牛肉面“坐火车”到达世界著名的旅游胜地敦煌，是铁路落实“客运提质计划”和甘肃“旅游强省”战略、满足旅客美好出行需要的重要举措，也是铁路进一步探索路企合作、实现共赢的新尝试。

□兰州日报全媒体记者　何怡璇　文/图

《兰州日报》对“环西部火车游”的相关报道

2018年6月23日，由中国烹饪协会、兰州市政府、甘肃省商务厅主办，兰州市商务局、中国烹饪协会民族餐饮委员会、兰州牛肉拉面行业协会承办的“首届2018中国面条博览会”在兰州举行。

中国烹饪协会特邀副会长李亚光、甘肃省商务厅副厅长任福康、兰州市商务局局长王黎、兰州牛肉拉面行业协会会长马利民等出席了开幕式，20个省（区、市）行业组织、面食餐饮品牌企业、专业机构及相关产业等500余人参会。

会上，中国烹饪协会提出了大力传承与弘扬中国面条文化，加快推进中国面条餐饮产业发展的举措，首次发布了涵盖38个品类、108个代表品牌企业的“2018最受消费者欢迎的中国面条品类及代表品牌企业”榜单。

兰州牛肉拉面行业协会还公布了《兰州牛肉拉面行业标准》，同时牛肉拉面公共服务大数据平台正式上线启用。

这次大会的成功举办，巩固了兰州牛肉面在餐饮面食行业的重要地位，彰显了兰州牛肉面对餐饮市场的社会影响力。

兰州牛肉拉面行业协会会长马利民在2018中国面条博览会开幕式上致辞

2018中国面条博览会参会领导巡馆

2018中国面条博览会参会的中外嘉宾

2020年12月1日，中国烹饪协会主办，甘肃省商务厅、兰州市政府指导，兰州市商务局、中国烹饪协会民族餐饮委员会、兰州牛肉拉面行业协会承办的“2020中国面食博览会”在兰州开幕。

中国烹饪协会会长傅龙成、副会长兼秘书长佟琳，甘肃省商务厅副厅长任福康，兰州市副市长马彩云、市政府副秘书长淡汉荣、市商务局局长李俐娟，以及中国烹饪协会副会长、兰州牛肉拉面行业协会会长马利民等出席开幕式。

大会还邀请了广西、云南、江苏、内蒙古、西藏、宁夏、甘肃等省级餐饮行业协会20余位全国面食类行业专家、学者，以及23个省（区、市）50余家面食类著名品牌企业等300余人参会。

2020中国面食博览会现场

2020中国面食博览会参会领导巡馆

2020中国面食博览会展区

2022 年 5 月 15 日，甘肃交通广播行业能人牛肉面系列评选花落各家。兰州市商务局党组成员、副局长刘志强，中国烹饪协会副会长、兰州牛肉拉面行业协会会长马利民等领导向获奖企业颁奖。

“磨沟沿”“陈记”“马子禄”“吾穆勒”荣获“甘肃听众最喜爱的牛肉面人气品牌”，“扎牛大”荣获“甘肃听众最喜爱的牛肉面新势力品牌”，“德元”“占国”“马有布”荣获“甘肃听众最喜爱的牛肉面传承品牌”，“思泊湖”荣获“甘肃听众最喜爱的牛肉面风尚品牌”，14 家牛肉面最强（面型）记票师傅荣获“兰州牛肉面记忆大师”称号，“金强”荣获“甘肃听众最喜爱的牛肉面明厨亮灶品牌”，“舌尖尖”“国仁”“一碗兰”荣获“甘肃听众最喜爱的牛肉面创新品牌”。

甘肃交通广播行业能人牛肉面系列评选活动现场

2024 年 8 月 2 日，由中国烹饪协会和临夏州政府共同主办，甘肃省商务厅与文化和旅游厅指导，中国烹饪协会民族餐饮旅游专业委员会、临夏州商务局、兰州牛肉拉面行业协会共同承办的“2024 中国民族美食产业发展大会”在甘肃临夏开幕。

中国烹饪协会特邀专家张秋俭，中国烹饪协会会长杨柳，国家民族事务委员会共同发展司原一级巡视员、经济发展司原副司长彭泽昌，甘肃省商务厅副厅长汪德元，中国烹饪协会副会长马利民、王顺海，中国烹饪协会特邀副会长王敏，临夏州委书记李海默，临夏州委副书记、州长何东以及来自全国各地的行业专家、企业代表、媒体代表共 600 余人出席了开幕式。

中国烹饪协会会长杨柳在2024中国民族美食产业发展大会开幕式上致辞

2024中国民族美食产业发展大会现场

相关领导在2024中国民族美食产业发展大会
活动现场参观兰州牛肉拉面展区

2. 加强培训提升硬实力

加强技能培训，提升行业硬实力，是促进兰州牛肉面快速发展的基础。2012 年 3 月 26 日，为落实甘肃省委、省政府的重要指示精神，贯彻人力资源社会保障部要求，经甘肃省政府批准，甘肃省人力资源社会保障厅举行了“中国兰州牛肉拉面制作专项职业能力考核鉴定”启动仪式。

兰州牛肉拉面制作作为一项新的专项职业能力，从此成为我国职业技能鉴定领域一个新的组成内容，这是兰州牛肉拉面产业化发展进程的一个重要里程碑。

相关领导参观“中国兰州牛肉拉面制作专项能力考核鉴定”
启动仪式展示现场

颁发国家专项职业能力考核示范店牌匾

颁发国家专项职业能力考核实训基地牌匾

2012年，甘肃兴陇兰州牛肉拉面职业培训学校、甘肃顶乐兰州牛肉拉面职业培训学校先后成立，为兰州牛肉拉面走向全国、走向世界提供有效的技能人才支撑。

甘肃兴陇兰州牛肉拉面职业培训学校学员合影

甘肃顶乐兰州牛肉拉面职业培训学校活动现场

为进一步发挥兰州牛肉拉面专项职业能力考核实训基地的作用，2021年3月16日，兰州牛肉拉面行业协会组织学员参加甘肃省商务厅、兰州市商务局在甘肃兴陇兰州牛肉拉面职业培训学校、甘肃顶乐兰州牛肉拉面职业培训学校联合举办的甘肃省2021兰州牛肉拉面职业技能培训开班仪式。

来自兰州、白银、天水、平凉、酒泉、张掖等12个市州29个县区的160余名学员参加了培训。甘肃省商务厅副厅长任福康、兰州市商务局副局长刘志强、兰州牛肉拉面行业协会会长马利民以及省内10家兰州牛肉拉面企业负责人参加了开班仪式。

甘肃省2021兰州牛肉拉面职业技能培训开班仪式学员合影

为促进校企合作，提升技术培训能力和水平，2021 年 3 月 25 日，兰州牛肉拉面行业协会前往兰州资源环境职业技术学院，就校企合作、深化牛肉面产业发展等事宜进行深入调研。当天活动现场，兰州资源环境职业技术学院党委书记、院长郑绍忠现场聘请兰州牛肉拉面行业协会会长马利民为“兰州资源环境职业技术学院兴陇兰州牛肉拉面国际商学院名誉院长”，并颁发聘书；聘任兰州牛肉面传承人马文斌、张自强为“兰州资源环境职业技术学院兴陇兰州牛肉拉面国际商学院特聘教授及非遗传承（研究）工作室首批入驻大师”。

兰州牛肉拉面行业协会人员与兰州资源环境职业技术学院学生交流

2021 年 4 月 7 日，兰州牛肉拉面行业协会组织会员赴北京参加甘肃省商务厅和北京西部马华管理学院联合举办的 2021 北京地区兰州牛肉拉面技能培训班，并举行结业典礼。

2021北京地区兰州牛肉拉面技能培训班参训人员合影

2021 年 4 月 13 日，甘肃省商务厅、兰州牛肉拉面行业协会组织召开关于全力推进兰州牛肉拉面产业发展以及乡村振兴的有效衔接工作推进会。

甘肃省商务厅、兰州牛肉拉面行业协会工作推进会现场

2022 年 5 月 25 日，兰州牛肉拉面行业协会会长马利民带领协会一行，深入兰州现代职业学院，围绕产教融合、校企联动培养餐饮人才等事宜进行调研。兰州现代职业学院党委书记曾乐强，兰州现代职业学院党委委员、财经商贸学院院长、兰州市商业学校校长姜旗等陪同调研。

兰州牛肉拉面行业协会人员与兰州现代职业学院学生交流

2022 年 6 月 29 日，兰州牛肉拉面行业协会会长马利民带领协会副会长、会员单位一行，前往甘肃顶乐兰州牛肉拉面职业培训学校，就行业技术人才培养建设进行调研。

甘肃顶乐兰州牛肉拉面职业培训学校交流座谈现场

2024 年 3 月 24 日，甘肃省百万职工劳动和技能竞赛兰州牛肉面大赛暨兰州市初赛启动仪式在兰州举行。

甘肃省商务厅副厅长汪德元、省商务厅一级巡视员吴丽霞、省人力资源社会保障厅二级巡视员李维、省总工会副主席罗世文、省商务厅服贸处处长孔军，兰州市商务局副局长刘志强，中国烹饪协会副会长、兰州牛肉拉面行业协会会长马利民，甘肃省餐饮烹饪行业协会副会长兼秘书长周建娟，来自兰州市各县区的优秀参赛选手、裁判员，以及中央电视台驻甘肃总站、人民网、央广网、甘肃电视台、兰州电视台等新闻媒体的记者共计 260 余人参加了启动仪式。

兰州牛肉面大赛暨兰州市初赛启动仪式上
参会领导共同启动开幕光球

2024 年 7 月 2 日，由甘肃省商务厅、省人力资源社会保障厅、省总工会主办，兰州牛肉拉面行业协会承办的“甘肃省百万职工劳动和技能竞赛兰州牛肉拉面大赛省级决赛暨颁奖典礼”在兰州成功举办。甘肃省人大常委会副主任、省总工会主席胡焯，省政府副秘书长马斌出席，省商务厅厅长杨小平代表大赛主办单位致辞，中国烹协协会副会长、兰州牛肉拉面行业协会会长马利民，甘肃省餐饮烹饪行业协会会长赵忠禄，甘肃省各市州相关部门负责人，相关行业协会负责人，参赛选手，获奖企业负责人以及新闻媒体工作人员共计 240 余人参加。

决赛现场最终产生一等奖 5 名，二等奖 10 名，三等奖 15 名，“技能之星奖”30 名，并评出“兰州牛肉拉面 10 大品牌”“兰州牛肉拉面 50 家星标店”。颁奖典礼结束后，与会领导和嘉宾观看了牛肉拉面技能展演，参观了兰州牛肉面预包装产品展和牛肉拉面文化展。

兰州牛肉拉面大赛省级决赛暨颁奖典礼现场

在兰州牛肉拉面大赛省级决赛现场
相关领导参观拉面技艺展示

在兰州牛肉拉面大赛省级决赛暨颁奖典礼上
颁发获奖证书和奖牌

兰州牛肉拉面大赛省级决赛比赛评委合影

兰州牛肉拉面大赛省级决赛工作人员合影

2024 年 9 月 26 日，由中国就业培训技术指导中心指导，中国烹饪协会、甘肃省人力资源社会保障厅、甘肃省商务厅、甘肃省总工会、兰州市政府共同主办，兰州市人力资源社会保障局、兰州牛肉拉面行业协会、甘肃省餐饮烹饪协会等 11 家单位共同承办的第一届“兰州银行杯”沿黄九省区兰州牛肉拉面职业技能大赛在兰州开幕。中国就业培训技术指导中心、中国烹饪协会、省总工会、省商务厅、兰州市以及来自沿黄九省区政府有关部门、行业组织的领导出席了开幕式。

这次大赛以“一面融九省，一技贯东西”为主题，共设兰州牛肉拉面制作团体综合赛、个人专项赛、直播带货达人赛、文创产品设计赛四个项目。沿黄九省区选手以面食文化为牵引，相聚黄河之滨，传承技艺，交流学习，共同推动黄河流域技能人才工作共建共享、互联互通、互利共赢，促进沿黄九省区面食产业经济高质量发展。

沿黄九省区兰州牛肉拉面职业技能大赛开幕式现场

沿黄九省区兰州牛肉拉面职业技能大赛
颁发获奖证书和奖牌

沿黄九省区兰州牛肉拉面职业技能大赛比赛现场

沿黄九省区兰州牛肉拉面职业技能大赛闭幕式暨颁奖典礼现场

沿黄九省区兰州牛肉拉面职业技能大赛工作人员合影

八、与兄弟城市、与世界“面对面”

文化先行，以底蕴筑基；旅游搭桥，借路径通达；在相互学习中深化认知，于交流互鉴中增进理解；既展示城市形象，更弘扬特色品牌。带领企业走出地域边界，系统宣传兰州牛肉面所承载的饮食文化，全方位展示这一特色美食从食材选取到工艺传承的独特魅力，同时让兰州牛肉面行业在开阔视野中博采众长、补己之短，通过持续精进实现自我提升，是兰州牛肉拉面行业协会坚守的责任与使命。为此，在兰州市委宣传部的鼎力支持下，兰州牛肉拉面行业协会先后组织力量奔赴北京、重庆等国内城市，更跨洋远赴日本、意大利等国家和地区，密集开展了多场形式鲜活的“面对面”文化推广与产业交流活动。

1. 与兄弟城市“面对面”

2017 年 4 月 27 日，兰州牛肉拉面行业协会配合兰州市委外宣办、新华社举办了兰州 · 重庆“面对面”城际互动对接活动。兰州牛肉拉面行业协会以面为媒，以特色美食为切入点，为助力“兰渝铁路”年底通车，兰州、重庆合作共赢贡献力量。

兰州·重庆“面对面”城际互动对接会举行

【本报讯】4月27日，兰州·重庆“面对面”城际互动对接会在重庆举行。作为丝绸之路经济带两大重镇，兰州与重庆是两座对“面”有着丰富情谊的城市。在兰州，一碗牛肉面可以包含人生百味；在重庆，一碗小面可以承载人生梦想。

随着“一带一路”国家战略的深入推进，兰州和重庆在贸易物流、交通城建等领域均发展迅速。“兰渝铁路”大动脉全线贯通进入倒计时，兰州和重庆将迎来城市营销与成果展示的宣传黄金期。

为进一步深化兰州、重庆两地在商贸、物流、旅游、文化、民生等领域的沟通和交流，提高两座城市间的互动，提升两座城市的知名度、美誉度和影响力，新华社新闻信息中心、兰州市委宣传部、重庆市对外文化交流中心、重庆粮食集团共同主办了“兰州·重庆”面对面”城际互动对接活动，以面为媒，畅享美食，畅谈文化，共谋发展。

兰州牛肉面是发源于兰州地区的风味小吃，自1915年诞生以来已有百余年的历史，有着深厚的文化底蕴和历史内涵。特制的面条经过拉面师傅搓、抻、摔、拉、晒、撒等技法的锤炼，被制成大宽、宽、细、二细、三细、毛细等形状，或宽如皮带，或细若游丝。（下转11版）

《兰州晚报》对兰州 · 重庆“面对面”城际互动对接会举行的相关报道

2017年8月，兰州牛肉拉面行业协会先后接待宝兰高铁沿线城市媒体宣传联盟采访团、新华社“千里走兰渝”采访团、沿线各地记者团，助力兰州牛肉面参与兰州与重庆“面对面”饮食文化交流。一碗牛肉面牵起宝兰沿线城市之间的商贸、物流、旅游、文化等领域的沟通与交流，兰州牛肉面成为宝兰、兰渝间的友好使者。

媒体对兰州·重庆“面对面”城际网络对话活动的相关报道

2018年11月14日，兰州牛肉拉面行业协会积极配合兰州市委宣传部主办的“一带一路·兰州走进北部湾”城际交流活动“兰州国际陆港暨经贸文化旅游推介会”在广西南宁举行。兰州牛肉面传承人马文斌现场表演兰州牛肉面的制作技艺。

兰州晚报　2018年11月15日　星期四

政情

“一带一路·兰州走进北部湾”城际交流活动昨在南宁举行

兰南牵手　助推南向通道建设

兰州晚报讯 11月14日，由中共兰州市委宣传部主办的“一带一路·兰州走进北部湾”城际交流活动——兰州国际陆港暨经贸文化旅游推介会在广西南宁市荔园维景大酒店会议厅举行。活动以广西南宁作为起点，之后将分别前往广西防城港市、钦州市、北海市、甘肃甘南藏族自治州，最后到达甘肃兰州。此次活动为更好地贯彻“一带一路”倡议，积极融入中新互联互通南向通道建设，促进兰州与南宁、钦州、防城港、北海等北部湾城市和东盟国家间经贸文化旅游交流合作。同时，以中新南向通道为媒介，共同推动通道沿线城市在商贸、物流、旅游、文化、民生等领域的沟通和交流，提高沿线城市间的知名度、美誉度及影响力。

老挝人民民主共和国驻南宁总领事馆副领事坎平·苏立亚翁先生以及缅甸驻南宁商务联络处商务参赞邓伦武先生也应邀参加了活动。此次活动也得到了广西壮族自治区南宁市、防城港市、钦州市、北海市、甘肃省甘南藏族自治州等市州委宣传部、中国烹饪协会、广西甘肃商会、广西民营企业家协会等相关单位和企业的大力支持。此外广西北部湾国际港务集团公司、广西柳州钢铁集团有限公司等200余家企业、旅行社代表以及广西自治区主要媒体，南宁、钦州、防城港、北海市参加了此次活动。

2018年是“一带一路”倡议提出的五周年，也是中新互联互通南向通道建设两周年。甘肃和广西是“一带一路”和中新南向通道上的重要组成部分和关键节点，有机衔接“一带一路”国际陆海贸易新通道。近年来，兰州市委、市政府提出了建设现代化中心城市和丝绸之路经济带核心节点城市的总目标，积极打造兰州新区综合保税区、甘肃（兰州）国际陆港“两大开放平台”，着力建设兰州铁路口岸和兰州中川国际机场两个口岸，加快全方位开放步伐，努力把兰州建设成为全国中欧班列集装箱编组站和集装箱枢纽中心，打造面向“一带一路”的国际物流中心和多式联运中心，建设全国重要物流基地，形成陆海内外联动、东西双向互济的开放格局。

兰州市依托兰州铁路口岸，先后开通了“兰州号”中亚、中欧、南亚国际货运班列，中亚货运班列实现每周2-3列常态化运行。积极推进中新南向通道建设，开通了兰州-重庆-钦州港国际货运班列和兰州-北部湾国际冷链测试班列。今年1月24日首列中新南向通道国际回程班列在广西北部湾钦州港成功发运。

活动现场，兰州牛肉面第四代传承人马文斌现场表演牛肉面的制作技艺

“截至目前，共发运中新南向通道国际货运班列15列、426车，货重约1.24万吨，货值约1.39亿元。进口产品主要是热带水果和冷冻水产品，有了国际班列，这些货物仅需三天就可以运到兰州。”

甘肃（兰州）国际陆港副主任李建亮告诉记者，甘肃（兰州）国际陆港作为甘肃省打通南向通道的物流平台，其主要作用就是把甘肃特色农产品、工业品集散起来发往北部湾以及东南亚。同时从东南亚进口的货物通过南向通道运抵甘肃兰州，再以分拨的形式发往西北各省区。

十一月的邕城，绿树成荫。记者一来到这里便被眼前怡人的景色和湿润的气候深深吸引。

南宁是北部湾城市群核心城市、中国面向东盟十国国际大通道、内陆开放型经济带、西南出海综合交通枢纽城市，同时也是中国东盟博览会暨中国东盟商务与投资峰会的永久举办地。

自西汉建城以来，有着2200多年历史的兰州就是古丝绸之路上的交通枢纽和商埠重镇，在这里，黄河文化、丝路文化和民族文化交相辉映，以彩陶文化为代表的八千年华夏文明从这里起步，积淀下了深厚而独有的历史文化底蕴。

“来自甘肃兰州的经贸、文化、旅游界企业家代表从祖国的陆域版图几何中心城市——‘黄河之都·金城兰州’带着满满的诚意和丰富的特产，来到广西、来到北部湾、来到南宁，就是要向广西各族人民和东盟国家和地区社会各界热情推介兰州，目的就是希望通过此次城际交流活动，在兰州与南宁两地间架起友谊合作的桥梁，让母亲河黄河和美丽的邕江共同奏响新时代发展最强音。”

中共兰州市委宣传部副部长张慧在活动现场致欢迎词时表示，下一步，兰州市将积极借助中新南向通道的大平台，积极促进兰州与北部湾各城市以及东盟国家和地区社会各界和企业投资合作，全面深化兰州与北部湾各城市以及东盟国家和地区在经贸、文化和旅游等各方面的交流与合作，增进相互了解，实现合作共赢，共绘发展新蓝图。

在当天城际活动交流的现场，甘肃（兰州）国际陆港管委会及城关、七里河、西固、安宁、红古、榆中、皋兰等七区县分别推介展示了自己最新的成就、最美的风景、最棒的特产、最靓的绝活和最大的热情，通过宣传片和致辞推介等形式向广西壮族自治区各族人民展示推介各自的特产和景点。

在活动现场，兰州市文化旅游局与南宁市旅游发展委员会、兰州市城关区旅游行业发展协会与南宁市太和·自在城股份有限公司、甘肃龙行天下旅行社与南宁市汇东旅行社等共同签署了战略合作协议和旅游资源共享协议。

一带一路　兰州走进北部湾

■花絮

兰州特产走红南宁

11月14日，在“一带一路·兰州走进北部湾”城际交流活动上，兰州市城关、七里河、安宁、西固等区县分别展示了自己辖区或单位的特产和文化，兰州百合、软儿梨、高原夏菜、玫瑰花茶、三炮台和长寿面等一类特产惊艳全场。

活动现场，城关区“甜甜”带去的鲜百合、百合干深受大家的喜爱。很多人细细品尝后纷纷表示，兰州百合不仅是全国唯一的食用百合，而且是药食同源的百合。

“兰州百合好好吃，我们计划作为礼品送给员工和客户。”南宁一家旅行社的王女士说，早就听说过兰州百合，但一直没有品尝过。兰州百合独到之处是色泽洁白如玉，形大味甜，肉质肥厚细腻，作为礼品一定会受欢迎。

“广西一个吃货群群主认为软儿梨特别适合广西市民食用，我们已经达成意向性协议，返回兰州后立即发第一批货。”皋兰百瑞通达果专业合作社理事长张永波高兴地告诉记者，目前，北上广深等城市已打开销路，每年仅一家合作社销量就达到200吨，而且价格达到38元/箱，这对软儿梨产品附加值的提升作用非常明显。

“我们将兰州西固的高原夏菜带到南方城市，通过大家的品尝和了解，让他们感受到兰州高原夏菜独特的清香味道。”甘肃一冰电子商务发展有限公司曹丽告诉记者，在这次经贸文化旅游推介会上，企业带来的黄瓜、蔬菜，都给广西南宁企业家们留下深刻印象，他们一致认为兰州高原夏菜品质比当地蔬菜的品质要好很多。

兰州晚报全媒体特派记者 许皓 文/图

《兰州晚报》对“一带一路·兰州走进北部湾”城际交流活动的相关报道

2019 年 5 月 27 日，兰州牛肉面传承人马文斌和武汉蔡林记热干面制作技艺代表性传承人王永中共同在湖北省武汉市，为前来参加“一带一路”兰州沿江之行城际交流活动的嘉宾展示了兰州牛肉面和武汉热干面的制作加工过程。

在“一带一路”兰州沿江之行城际交流活动中
传承人互动交流

2019 年 12 月 21 日，“海陆共进”陆丝对话海丝——“一带一路”兰州沿闽之行城际交流活动在福建省泉州市举办。两地围绕“丝绸之路”共话渊源，促进区域经贸、文化交流。兰州牛肉面传承人马文斌现场展示拉面制作技艺。

“一带一路”兰州沿闽之行城际交流活动现场

2020 年 10 月 18 日，由兰州市委宣传部、兰州市文化和旅游局主办的“北丝路”牵手“南茶道”“一带一路”兰州“茶马古道”城际推介活动走进云南昆明，开展交流。

“一带一路”兰州“茶马古道”城际推介活动现场展示拉面技艺

2020 年 11 月 5 日,“丝路古道”走进“千年商都”(兰州—广州)“一带一路”兰州城际文化旅游交流推介活动在广州拉开帷幕。

“一带一路”兰州城际文化旅游交流推介活动现场

2. 与世界“面对面”

2017 年 9 月 2 日，由国务院新闻办公室监制的法语新媒体微纪录片《奥利弗游中国》，在牛肉面的醇香四溢中完成了在兰州为期 4 天的拍摄任务。兰州牛肉拉面行业协会配合摄制组，通过“外眼看中国”法语主持人奥利弗，向国外进一步宣传展示了兰州牛肉面，弘扬了历史悠久的美食文化。

奥利弗学习拉面技艺

2017年10月11日，兰州牛肉拉面行业协会组织参与了兰州牛肉拉面遇上意大利面城际文化对接会。本次活动由兰州市委宣传部、意大利驻华大使馆商务处主办。新华社新闻信息中心、兰州市委宣传部、兰州市委外宣办、意大利驻华大使馆商务处、中国烹饪协会、中华文化促进会等相关领导出席本次活动，并就中西方饮食文化融合展开交流。

会上，中西方名厨上演精彩美食对决，现场制作的兰州牛肉拉面和意大利面令人大饱口福。这场“美食盛宴”所传递出的中西方美食融合与文化交流，更让其亮点纷呈。

兰州牛肉拉面遇上意大利面城际文化对接会现场

2017年12月20日，由兰州市委宣传部、新华网亚太分公司、新华网甘肃分公司联合举办的“一带一路”国家“探寻兰州牛肉面之旅”采风媒体团走进兰州，俄罗斯《新星期二报》、马来西亚《南洋商报》、文莱《诗华日报》、印尼 Marketeers、阿塞拜疆通讯社、新加坡华人头条和新华网亚太公司等10家海外媒体走进金鼎、马子禄、云峰、金味德、东方宫牛肉面旗舰店，感悟兰州人与牛肉面的不解之缘，感受兰州“一碗面”背后的历史文化。

2018年6月25日，由兰州市委宣传部、市政府新闻办公室、市文化和旅游局主办，兰州牛肉拉面行业协会协办的“兰州牛肉拉面牵手意大利面”城际文化对接会暨兰州市文化旅游推介活动，在意大利古城罗马隆重举行。作为2017年中方面食文化在北京首次对话的深化延续，

媒体对“一带一路”国家“探寻兰州牛肉面之旅”的相关报道

此次活动通过牛肉面技艺展演、文旅资源推介等多元形式，让意大利民众沉浸式感受陇原文化魅力。在活动现场，双方以面为媒共话文明互鉴，为中西文化交流搭建了新的对话平台。

2018 年 6 月 28 日，由兰州市委宣传部、市政府新闻办公室、市文化和旅游局主办，兰州牛肉拉面行业协会协办的“感知兰州”中德城际文化交流对接会在德国汉堡成功举办。活动以“百年黄河铁桥、见证中德友谊”为主题，通过牛肉面制作技艺演示、陇剧非遗展演、文旅图片展等立体呈现方式，向德国社会各界全方位展示兰州城市形象。活动收获广泛赞誉，不仅增进了中德民众情感认同，更让“一碗面的商机”在跨文化对话中展现无限可能。

“感知兰州”中德城际文化交流对接会现场展示拉面技艺

2018 年 7 月 31 日，日本《朝日新闻》以“兰州拉面借‘一带一路’奔向世界”报道了兰州牛肉拉面在海外的发展情况。兰州市商务局副局长刘志强表示，“一带一路”倡议旨在通过相互理解实现“一带一路”国家的共同发展，这与兰州拉面的国际化理念是相通的。他慷慨激昂地说：“我们希望将来能够把拉面发展成超越麦当劳、肯德基的世界性快餐。”

2018年10月1—7日，由兰州市文化和旅游局、兰州牛肉拉面行业协会制作的兰州文化旅游宣传片登上纽约时代广场。在该片中，兰州牛肉面传承人马文斌展示了拉面技艺。这是兰州牛肉面第一次登上纽约时代广场大屏幕。无论是身在美国的华人，抑或是世界各地对牛肉面这碗舌尖上的面食情有独钟、念念不忘的“美食家们”，无不驻足为兰州、为兰州牛肉面点赞称好。

亮相纽约时代广场巨屏 引来全球媒体和游客广泛关注

兰州城市宣传片展示别样风采

【本报讯】随着人们生活水平不断提高，旅游越发受到人们重视。由兰州市文化和旅游局制作的兰州旅游和文化宣传片在具有“世界十字路口”之称且年均客流量近1亿人次的纽约时报广场的巨屏上亮相七天后，来自中国西北的城市——兰州，受到了全球媒体和全世界游客的关注。

独特的分屏展现形式，民俗文化与现代流行元素相融合，兰州与众不同的旅游风光和人文特色让所有观众一睹为快，30秒精彩的视听结合成功地吸引到国内外的游客，轻松娱乐的表现方式更是使得游客兴致万分的在短时间内接受兰州城市特色。

如今，时代发展日新月异，兰州城市风采现已为世界而展示，在旅游业上不断加快着国际化的步伐。

随着互联网越来越深入人

媒体报道兰州文化旅游宣传片亮相纽约时代广场

2019 年 12 月 1 日，兰州牛肉拉面行业协会组织兰州牛肉拉面企业，赴北京参加“2019 中国国际美食发展大会暨中日餐饮单品发展论坛”活动，与日本驻华大使共商中日两国拉面传承与创新和产业化发展，探讨两国拉面在人才培养和国际化进程中的突破与挑战。

中日餐饮单品发展论坛现场展示拉面技艺

中日餐饮单品发展论坛参会人员合影

3. 密切学习与交流

学习是企业提升自己的路径，是可持续发展的不竭动力。2017 年 9 月起，兰州牛肉拉面行业协会开展了一系列走出去考察交流学习系列活动。

9 月 15 日，兰州牛肉拉面行业协会带领 13 家品牌企业走进河南郑州，参观益海嘉里食品工业集团公司郑州工厂、安阳工厂，实地考察面粉行业，现场召开兰州牛肉面企业座谈会，探讨加深合作、互利共赢，进一步完善兰州牛肉面供应链体系的相关工作。

2017 年 10 月，兰州牛肉拉面行业协会带领 40 多家品牌企业 70 多人走进青海省西宁市的兰州进祥粮油公司，参观考察牛肉面相关产业，调研了企业的产品及生产体系，促进了会员单位之间的交流。

兰州牛肉拉面行业协会带领品牌企业参观相关企业

2019 年 6 月，兰州牛肉拉面行业协会组织 60 余家品牌示范企业负责人，实地考察了陕西穆堂香调味食品有限公司，全面了解穆堂香调味食品有限公司的生产经营状况，为兰州牛肉面新的供应链体系打造提供第一手资料。

2019 年 7 月，兰州牛肉拉面行业协会组织 70 家品牌示范企业负责人，实地考察了中粮（郑州）粮油工业有限公司，通过看、听、问、参观、座谈交流等形式，共话未来合作。

兰州牛肉拉面行业协会组织品牌企业参观穆堂香调味食品有限公司

兰州牛肉拉面行业协会组织品牌企业参观
中粮（郑州）粮油工业有限公司

2019年8月20日，兰州牛肉拉面行业协会组织60多家牛肉面品牌企业，走进武威、金昌养牛基地参观甘肃顶乐农牧集团，并举办了肉源基地建设与发展座谈会。

兰州牛肉拉面行业协会组织品牌企业参观顶乐武威牧业

2019年9月4日，为进一步推动牛肉面产业数字化发展，经兰州市商务局与淘宝聚划算合作，马有布、安泊尔、舌尖尖、阿索金大碗、一碗兰、思泊湖、唏嘛香等7家牛肉面店在电商平台强势亮相，并在淘宝网站上线“兰州牛肉拉面官方店”。

2019年9月10日，兰州牛肉拉面行业协会组织百余家牛肉面品牌企业负责人，实地考察上海太太乐食品有限公司。大家通过看、听、问、参观、座谈等形式，全面了解上海太太乐食品有限公司的生产经营状况，为进一步打造兰州牛肉面新的供应链体系奠定基础。

在淘宝聚划算上的兰州牛肉拉面线上活动海报

兰州牛肉拉面行业协会组织品牌企业参观太太乐食品有限公司

兰州牛肉拉面行业协会考察太太乐食品有限公司座谈会现场

2019 年 9 月 12 日，兰州牛肉拉面行业协会与上海餐饮烹饪行业协会就提升兰州牛肉面上下游产业链的经济合作，与上海数十家百年老字号企业进行全方位座谈交流，讨论兰州牛肉面和餐饮业的发展与推广，协调兰州牛肉面合作推广平台搭建工作，共商兰州牛肉面和民族餐饮发展大计。

兰州牛肉拉面行业协会与上海餐饮烹饪行业协会交流

兰州牛肉拉面行业协会交流会现场

2023 年 5 月 24 日，兰州牛肉拉面行业协会举行 2022 年度表彰大会。兰州市商务局副局长刘志强，兰州市市场监督管理局副局长陈贤普，中国烹饪协会副会长、兰州牛肉拉面行业协会会长马利民，兰州牛肉拉面行业各会员单位负责人及企业代表共计 200 余人参加了会议。

兰州牛肉拉面行业协会2022年度表彰大会现场

这次会议对兰州牛肉拉面行业在经营管理方面取得卓越绩效的企业和个人进行表彰，增强行业品质化、品牌化发展动力，树立典型标杆，推广先进模式，进一步推动兰州牛肉面行业健康有序高质量发展。

兰州牛肉拉面行业协会2022年度表彰大会为获奖企业颁奖

九、奉献爱心回馈社会

兰州牛肉拉面行业协会和会员企业深切认识到，兰州牛肉面来源于社会、植根于社会，与兰州市民融为一体、共生共长，所以，要想活得久、行得远，有更广阔的发展前景，必须感恩社会、回馈社会。

2017 年 1 月 10 日，由兰州市政府主办，兰州市城市管理委员会、兰州牛肉拉面行业协会、各爱心牛肉面馆经营企业积极参与，开展了兰州市一线环卫工人“爱心早餐”工作行动。此次行动采取政府出资、企业让利的方式，通过政府主导、社会参与、企业让利的创新机制，构建长效化、规范化的环卫工人关爱体系，为兰州 9000 余名一线环卫工人每天提供免费牛肉面早餐一份。截至 1 月 16 日，兰州市全市已有 242 家牛肉面馆加入这项行动。此项活动受到中央电视台《新闻联播》栏目报道。

30万张“爱心早餐券”送给9000环卫工

环卫工人“爱心早餐”工作正式启动

《兰州日报》报道“爱心早餐”工作行动

2018 年 2 月 7 日，甘肃省商务厅组织召开由兰州市商务局、兰州牛肉拉面行业协会和牛肉面企业参加的兰州牛肉面品牌对外拓展及精准扶贫座谈会。来自甘肃省商务厅服贸处、兰州市商务局、兰州牛肉拉面行业协会和 12 家牛肉面企业的 20 多人，共商甘肃省与天津市开展以兰州牛肉面品牌精准扶贫的实施大计。

2018 年 3 月 26 日，甘肃省副省长张世珍，省商务厅厅长张应华、副厅长任福康，兰州牛肉拉面行业协会会长马利民等领导参加了由甘肃省商务厅、兰州市商务局主办，兴陇兰州牛肉拉面职业培训学校承办的“兰州牛肉拉面赴天津人员培训班”开班仪式。来自甘肃省内东乡、宕昌等 23 个特困县的 100 余名学员将在接受牛肉拉面制作技能免费培训后前往天津等地就业。

相关领导现场观摩兰州牛肉拉面赴天津人员培训班的培训工作

2019 年 4 月 28 日，兰州牛肉拉面行业精准扶贫推进会暨中粮香雪拉面专用粉产品推介会在兰州隆重举行。来自甘肃省商务厅、兰州市商务局、兰州市民族宗教事务委员会、兰州牛肉拉面行业协会、200多家兰州牛肉拉面企业以及面粉原料企业的相关人员共300余人参加了活动。

兰州牛肉拉面行业精准扶贫推进会现场

2020年2月，在甘肃省商务厅、兰州市商务局的倡导下，兰州牛肉拉面行业协会向兰州市牛肉面企业发出倡议，用行动致敬奋战在抗击新冠疫情一线的工作者。连日来，18家牛肉面企业积极响应，用多种方式奉献爱心、致敬一线工作者。

爱心牛肉面企业“马子禄牛肉面”

爱心牛肉面企业“马有布牛肉面”

2023 年 12 月 18 日，甘肃省临夏州积石山县发生 6.2 级地震。兰州牛肉拉面行业协会组织动员广大兰州牛肉面企业捐款捐物，为抗震救灾贡献力量。

协会会员单位金鼎牛肉面、马子禄牛肉面、马有布牛肉面、吾穆勒牛肉面、陈作林陈记牛肉面、德元牛肉面、磨沟沿牛肉面、有德牛肉面、苍鹰牛肉面、达姆牛肉面、国仁牛肉面、一碗兰牛肉面、舌尖尖牛肉面、金城老碗牛肉面、汇峰牛肉面、兰牛王牛肉面、伊尚宫牛肉面、占国牛肉面、虎啸牛肉面、马安军牛肉面、扎牛大牛肉面、顶牛牛肉面、科盛食品、五犟食品等 20 多家爱心企业纷纷向地震灾区捐款捐物，慷慨解囊，为灾区人民送去温暖和关爱。

兰州牛肉拉面行业协会会员单位赴救灾一线

2024 年 9 月 20 日，“一碗牛肉面、一份慈善情”慈善募捐活动启动仪式在兰州举行。甘肃省政府原党组成员、秘书长，省慈善联合总会会长李志勋出席并讲话，省委组织部原副部长、省公务员局原局长、省慈善联合总会副会长李杰，省工业经济和信息化研究院原党委书记、省慈善联合总会副会长李瑞奇，中国烹饪协会副会长、兰州牛肉拉面行业协会会长马利民，以及省慈善联合总会相关负责人、兰州牛肉拉面企业负责人和爱心企业代表等共 100 余人参加了仪式。

启动仪式上，甘肃省慈善联合总会、兰州牛肉拉面行业协会共同为首批 20 家牛肉面馆授予“慈善爱心店”牌匾。

“慈善爱心店”牌匾授牌仪式现场

十、行业发展硕果累累

经过社会各界的不懈努力，兰州牛肉面已进入快速发展时期，展现出欣欣向荣的蓬勃气象，经济效益突飞猛进，社会影响力显著提升，已成为代表兰州城市形象和文化特色的一张响当当的名片。

1. 总结整理兰州牛肉面文化

2017 年 12 月，甘肃省社会科学院原党委书记、甘肃省政府参事、兰州市副市长马琦明撰写《兰州牛肉面文化的传承与发展》一文，对兰州牛肉面文化进行了一次总结性整理。

兰州牛肉面文化的传承与发展

马琦明

对兰州牛肉面文化进行一次总结性整理，是我多年的愿望。国庆节前，侄子萨利哈从上海给我打来电话，说要和几位朋友在上海开个正宗的兰州牛肉面馆，写了篇《兰州牛肉面的前世今生》让我看看。“前世”部分写了马保子、马杰三，“今生”部分写道“1978 年改革开放后，兰州牛肉面如雨后春笋般地开遍大街小巷”。我突然感觉到，兰州牛肉面发展中的关键问题可能就在这里。现在到处都能看到有兰州牛肉面招牌的面馆，但缺少了兰州牛肉面的文化。如何使极具文化性的兰州元素牛肉面保持自身鲜明特色并源远流长，就成了我撰写这篇文章的目的。

一、兰州牛肉面的文化性不可忽视

兰州牛肉面成为产业，其商品性和市场性是重要的一面，但笔者认为只要打出“清真兰州牛肉面”的招牌，其核心就带有文化性的一面，这是不可忽视的。

第一，兰州牛肉面是代表兰州这座城市和人民的饮食文化品牌。想吃一碗地道、正宗的兰州牛肉面，是人们内心对兰州牛肉面文化需要的反映，是对兰州地域文化的认可，蕴含着深刻的社会意义。西北师范大学教授李并成先生曾将兰州牛肉面的特点概括为具有“大众性、便捷性、可口性、营养性、卫生性、艺术性”。他指出，从文化定位看，它“不仅仅是一种美味佳肴，不仅仅是一种舌尖上的享受，而且是在长期历史发展中形成的一种独特的文化景观，是兰州一张驰誉全球的亮丽名片，是源远流长的中华传统美食文化中具有权威性的标本和杰出代表之一”。只有尊重、维护和弘扬这一优秀传统文化，才能使兰州牛肉面得以传承与发展。

需要指出的是，如今不少兰州牛肉面馆已经将兰州牛肉面真正意义上的特点和文化丢失了不少。比如，只重视培养拉面师，不下功夫培养熬汤师；只重视用筋面粉，不重视和面揉面的功夫；只重视卖配餐的肉和凉菜，不重视牛肉面碗里的肉丁；只重视用辣味、麻味、浓味刺激食者口味，不重视清汤的纯正香味。牛肉面里没有牛肉了，汤不是以精选牛肉为主，辅以牛肝和牛棒子骨熬制的肉汤。标准乱了，口味变了，质量差了，唯一没有变的只是用手工拉面。还有不少所谓的连锁加盟店，只重视加盟条件的合同关系，而缺乏对兰州牛肉面技艺制作加工过程创造行为的严格管理，致使加盟形象、品牌、声誉受损。不少急功近利的商家为了追求利润，完全背离了传统兰州牛肉面的制作要求，用香精调汤，将其变成了调料汤拉面，极大地伤害了兰州牛肉面文化品位。

今天，对兰州牛肉面最好的传承就是要把马保子、马杰三坚守的信念，作为一种“匠人精神”加以传承和发扬，并把这种“匠人精神”与做好每碗牛肉面对接起来。

第二，从原料和制作技艺上，要保留和提升兰州牛肉面最本质的兰州文化元素，而不仅仅是后来人总结的表面元素。如“一清、二白、三红、四绿、五黄”，在马保子、马杰三时代就没有这种说法。我在小时候也没有听说过这种说法，只听说过“厨子的汤”强调汤要清，味道要鲜。兰州牛肉面讲究清汤、原汁原味，所谓“清、白、红、绿”是20世纪80年代后期随着对外宣传的需要而总结的说法，刚开始是“一清、二白、三红、四绿”，近些年又加上了“五黄”。在兰州牛肉面文化的传承和发展中，最应该重视的应当是兰州牛肉面最本质的兰州文化元素，比如牛肉、面粉、汤、萝卜、蒜苗、香菜、辣椒等原料必须是绿色的、安全的、健康的，制作出来的味道是地道的、正宗的、美味的。这碗牛肉面凝结着兰州鲜明的地域文化精神,并体现着兰州特色。做兰州牛肉面,应严格秉承传统清汤牛肉面的标准,不减少任何一个元素,不增加任何添加剂。要用上品牛腿肉煮肉熬汤,用小火炖,使肉汤馨逸,一清到底。其汤是灵魂,面要有韧性,萝卜、蒜苗、香菜要新鲜优质,辣椒油要浓香微辣,让人还没吃就已经闻到香味,从而食欲倍增,使内心的需求得到满足。

做兰州牛肉面还是个细活、技巧活。比如萝卜的做法,在过去是用下过面的汤煮的,煮好后用清水反复漂净,再放点盐,放一夜备用。第二天早上,再用清水将其漂净后使用。这都是细活,做到位了,萝卜吃起来口感才好。再比如最关键的和面、揉面技巧,和面时要放入适量的水和灰,全部过程都要手工操作,讲究“三遍水,三遍灰,九九八十一遍揉”。其中,传统的灰实际上是碱,却又不是普通的碱,而是用戈壁滩所产的蓬草烧制出来的碱性物质,俗称蓬灰。将其加进面里,不仅能使面有一种特殊的香味,而且拉出来的面条爽滑透黄、筋道有劲。现在则大都是使用新技术制成的拉面剂。面和好后,要稍放一放,这叫醒面。醒面的原理就是给它一定时间,让蛋白质分子充分吸收水分扩张伸展,以达到更筋更弹的目的。醒过的面,经过摔打、顺筋搓长、揪成面节,可随食客的爱好,拉出不同规格的面条。喜食圆面条的,可以选择二细、三细、细、毛细款式;喜食扁面的,可以选择大宽、宽、韭叶款式;喜食棱角分明的款式,则可选择“荞麦棱”。

最早的中央广场牛肉面馆有个苏云龙师傅,身材颀长,相貌堂堂。他和面、下面技术高超。一袋子 50 斤面粉,他从和面到揉好面仅用 18 分钟,1 分钟能拉制出 7 份面。他不仅面下得快,而且仪态好,动作漂亮,有样儿有范儿。边吃面,边看他拉面下面,在享受美食的同时,还能获得艺术享受,会让你得到从未体会过的满足。更奇妙的是下面技术,几碗面同时下锅,或粗或细,有圆有扁,规格各不相同,但任凭其在锅里翻滚，仍各自为团，总不混杂，将其捞进碗里时，没有人会挑出两样面条的。

还有舀汤技术，马杰三对其是很讲究的，要干净利落，眼明手快，一勺子汤舀到碗里，就能让面漂起来。以上这些细活、技巧活都是兰州牛肉面的文化元素。

第三，坚守和传承兰州牛肉面地域文化，是尊重祖先留下的遗产的必要态度，亦是坚定文化自信的表现。经过长期的历史进程形成的兰州牛肉面文化，具有与兰州地理环境和自然条件有关的独特文化特征，这是兰州最宝贵的地域文化之一。兰州应该对本地区独具特色的牛肉面所产生的文化效应有新的认识和责任感。坚守兰州牛肉面地域文化，就是要让这一文化传统在特定的兰州区域传承中发挥作用，这也是兰州坚定文化自信的表现。

兰州的地理位置处于农牧业过渡地带，有牧业和农业相混合的饮食文化。自明朝洪武年间，兰州就是民族聚居区，本身就有对牛羊肉的巨大需求。长期以来，牛肉面使用的食材有甘南州和天祝县藏族牧民养的高原生态牦牛，这是纯天然、无污染、高品质的健康肉品；有兰州北山农民种植的禾尚头麦子和城郊菜农种植的白萝卜、羊角辣子、香菜、蒜苗；还有从内蒙古的雅布赖运来的白盐；等等。这些食材都好原料。好原料再加上精细的制作工艺，做出来的牛肉面才会汤清、肉烂、面筋道、味道香。

黄河水、黄土地孕育出了朴实厚道的兰州各族人民。这碗兰州牛肉面充满兰州人憨厚的人情味，才会对顾客具有吸引力，进而赢得顾客的心，生意才会越做越大。从这个意义上讲，兰州牛肉面文化是憨厚文化，讲究朴实厚道、为人真诚。其中不仅蕴含着“民本敬粮”的饮食观念、“以味为本”的美食追求和“崇尚自然”的饮食哲学，而且是各民族和睦相处、和衷共济、和谐发展的精神体现。只有理解其内在文化要义，才能实现兰州牛肉面文化的更好传承与更快发展。

二、兰州牛肉面文化在传承中的三个关键时期

在马保子创制兰州牛肉面后，兰州牛肉面文化在传承中有三个关键时期。第一个时期是由马杰三子承父业主厨的南关、中央广场和兰清阁时期。这一时期，培养了一批兰州牛肉面本土传承人，如马尚文、吕登文、苏云龙、李学义、马得礼、周福元、陕兴发、马学明、马文斌等，在中央广场和兰清阁会聚了多位兰州清真美食名厨。

第二个时期是由马利民主营的金鼎牛肉面时期。兰州金鼎清真牛肉面集团公司整合并创新牛肉面资源，为兰州牛肉面的标准化、规模化、连锁产业化发展开创了新路子，在兰州牛肉面的发展历程中具有里程碑意义。金鼎集中了兰州牛肉面行业的技术骨干力量，包括兰州牛肉面第三代、第四代、第五代传承人，成为兰州牛肉面行业的龙头企业。

第三个时期是改革开放后市场经济发展时期。众多牛肉面馆如雨后春笋开在了大街小巷，以马有布、吾穆勒为标志的一批牛肉面品牌在兰州创立，出现了新一代坚守兰州牛肉面文化传统、担当文化传承社会责任的传承人。文化传承实践证明，兰州牛肉面既创造了物质财富，也创造了精神财富。

在兰州牛肉面文化传承中，有不少值得我们纪念和弘扬的牛肉面人，在马保子、马杰三、马尚文、苏云龙、李学义、马子禄、周福元、陕兴发之外，同时期还有一批具有良好声誉的社会传承者，如张云、吕登文、马得礼、马林等。他们做的牛肉面获得了广泛的社会赞誉，有着令人齿颊留香的回味。还有一些人们至今难以忘记的店名，如双城门、南关、文化宫、兰园、桥南、庙滩子、二中门口以及马子禄涌泉店、武都路店，包括后来白塔山上谢福山的半坡牛肉面。

改革开放后，随着民族商业的发展，兰州牛肉面形成了更大的市场。金鼎鸿宾楼、马子禄和吾穆勒可以说是兰州牛肉面最具代表性的

三大品牌；马有布、苍鹰、有德、萨达姆、磨沟沿、安泊尔，东方官、云峰、“1915”等品牌则方兴未艾。

值得一提的是，近些年兰州新派牛肉面开始出现，其特点是用餐环境时尚、设计文雅，巧妙融入一些代表兰州历史文化元素的老物件，在兰州牛肉面文化以及制作技艺上则不忘初心、维护传统，并将制作牛肉面原材料的过程呈现给消费者，进行场景链接，让消费者吃得更放心。比如“1915 牛肉面”，在文化传承的基础上，使牛肉面文化在新时代得到进一步发展。

三、兰州牛肉面从早期的家族传承走向社会传承，发展空间越来越大

历史悠久的兰州牛肉面，其制作技艺已经成为国家级非物质文化遗产代表性项目。在兰州牛肉面的发展历程中，在马保子之后，传承者不断涌现，有一些是家族传承中承上启下的继承者，如马杰三和徒弟们中的第三、第四代传承人；更多的是社会传承中承上启下的继承者，如马子禄、马有布、吾穆勒等。有统计表明，在兰州，牛肉面馆就有 1200 多家，全国各地以兰州拉面为名的餐馆有 3 万多家。

兰州牛肉面不仅成为一种商贸景观，更重要的是成为一种历史传统文化现象。作为一种历史传统文化现象，兰州牛肉面的社会热度越来越高，这说明人们喜欢吃兰州牛肉面，并且这种喜欢也应该是永久的。如果人们来到兰州，不吃一碗兰州牛肉面就是一个遗憾。兰州牛肉面已经成为兰州的象征，并被中国烹饪协会评为三大中式快餐之一，兰州则被命名为“中国牛肉拉面之乡”。兰州牛肉面是兰州的一张亮丽名片，进一步加强建设和培育“中国牛肉拉面之乡”的区域品牌和影响力，既是政府的责任，也是商家和全社会的责任。

最好吃的牛肉面是哪家？传承兰州牛肉面传统制作技艺，坚持调料配制、煮肉调汤，坚守传统牛肉面文化的厨师是谁？等等。这些都

是兰州人一直都在关心的事情。因为，在兰州这座城市，人们对牛肉面的评议每天都在发生。每个兰州人心中都有自己最喜欢吃的一两家牛肉面馆。有些人是天天吃，有些人是隔几天就要吃一碗。正如媒体报道的，兰州人的一天是从一碗牛肉面开始的。在家常饮食中，兰州牛肉面早已成为兰州人的首选。兰州牛肉面是兰州最具特色的大众化小吃，随着市场竞争的加剧，其品位提升和发展的空间越来越大。

如今，兰州牛肉面已落户美国、日本、意大利等众多国家。兰州牛肉面以美食搭建沟通桥梁，深度参与中国与世界各国的饮食文化交流合作和“一带一路”建设，在开拓国际市场方面展现出巨大的潜力。

四、兰州牛肉面制作技艺代表性人物

为了进一步弘扬兰州牛肉面文化，充分彰显工匠精神，特将兰州牛肉面制作技艺代表性人物作一记述。

马保子（1870—1955），回族，兰州市人。自幼家境贫寒，年少时就承担起养家之责。1915 年，马保子开始在家制作“热锅子牛肉面”。1919 年租得兰州东城壕北口一间低矮铺面，开始经营兰州清汤牛肉面生意。马保子故于 1955 年 7 月 4 日，享年 85 岁。

马杰三（1900—1973），马保子的二儿子。1925 年，马杰三在兰州南关什字南侧二层楼门面房开始子承父业，从事牛肉面生意，一直到去世。40 多年时间里，马杰三身不离灶，手不离勺，坚持为顾客做好每一碗面。马杰三敬业又精心，在技艺上不断研究，要求“汤要清者亮，肉要烂者香，面要细者长”，让牛肉面生意越做越红火。1964 年，马杰三开始在兰州市饮食公司工作，1968 年左右来到中央广场西南面的兰清阁牛肉面馆。这一时期，马保子和马杰三的清汤牛肉面已经享誉兰州。

马子禄（1926—2004），回族，兰州市人。1950 年左右，马子禄在兰州隍庙巷建立店面，打出了“马子禄牛肉面”的招牌。此后，又在南稍门（涌泉店）、武都路、大众巷开店经营。马子禄在借鉴传统牛肉面制作技艺的基础上，潜心研制，形成了独有的风格，让马子禄牛肉面在兰州成为名气最大、市民最喜爱的牛肉面品牌之一。纪录片《舌尖上的中国》第一季中，曾对马子禄牛肉面进行了介绍。2011 年，马子禄牛肉面被商务部授予“中华老字号”。2004 年，马子禄去世后，儿子马继祖继承父业。2008 年，马继祖去世后，儿子马汀继承父业。

周福元（1932—2010），回族，兰州市人。1956 年参加工作，先后在兰州市饮食公司所属的南关、中央广场和兰清阁牛肉面馆工作，直到退休。他从事牛肉面工作 41 年，曾任兰清阁牛肉面馆的负责人。他重视培养兰州牛肉面人才，传承兰州牛肉面传统技艺，曾多次代表甘肃省参加全国清真美食大赛并获得荣誉。他是继马杰三之后，为兰州牛肉面的发展作出突出贡献的第三代传承人。

马学明（1948—），回族，兰州市人。1965 年，年仅 17 岁的马学明成为兰州市饮食公司中央广场牛肉面馆的一名职工。他跟着马杰三学做兰州牛肉面，凭借专心追求细节的学习态度，完整掌握了兰州牛肉面制作技艺，并在适应当代人口味方面兼收并蓄，使兰州牛肉面制作技艺更加臻于完善。他曾在兰清阁牛肉面馆工作，后来来到鸿宾楼牛肉面馆，直到退休。马学明曾以兰州牛肉面第三代传承人身份参加各项技术比赛，曾获得兰州市“非物质文化遗产传承人”称号。

马文斌（1957—），回族，兰州市人。1975 年开始在兰州市饮食公司所属的兰清阁牛肉面馆工作，现在鸿宾楼牛肉面馆工作，从事牛肉面工作已有 42 年。马文斌以兰州牛肉面第四代传承人的身份，多次参加全国性清真饮食比赛，曾荣获“甘肃烹饪大师”“甘肃陇原工匠”“中国兰州牛肉面大师”等荣誉称号，其制作的清汤牛肉面获得甘肃省名特小吃称号，并在纪录片《舌尖上的中国》中展示兰州牛肉面制作技艺，让兰州牛肉面蜚声中外。

马利民（1961—），回族，兰州市人。现任兰州金鼎饮食管理有限公司总经理、兰州牛肉拉面行业协会会长。他是兰州市唯一的清真餐饮领域中国烹饪大师。1978 年，17 岁的他开始参加工作，一直从事清真餐饮和牛肉面饮食工作，始终坚守兰州牛肉面文化的传承和保护，同时在其原有基础上不断研发创新，推出了系列牛肉面宴，如冬虫夏草、羊肚菌、西洋参等滋补牛肉面，为满足消费者的不同需求提供服务。1998 年，为了传承正宗牛肉面文化，弘扬非物质文化遗产，组建兰州金鼎牛肉面公司。金鼎拥有一批兰州牛肉面的正宗传承者、技术骨干和老员工，坚持走标准化、规范化、连锁化之路，实行“店名、标识、工艺、配方、配送、形象、价格、服务”八个统一，使兰州牛肉面的整体形象、档次、规模和水平上了一个新台阶。金鼎旗下的鸿宾楼、全顺楼、清雅居、胜利饭店、穆斯林餐厅等餐馆不仅口碑出众，更实现了持续发展。作为餐饮界标志性人物之一，马利民曾获得“全国餐饮业优秀企业家”“中国商业服务业改革开放 30 周年卓越人物”“中国餐饮业功勋人物”“中国餐饮业杰出人物”“中国面条产业突出贡献奖”“中国清真餐饮业贡献奖”“甘肃省民族团结先进个人”“甘肃餐饮业专家终身成就奖”“兰州市专业技术拔尖人才”等众多荣誉。

张自强（1965—），回族，兰州市人。1981 年在兰州市饮食公司所属的清雅居牛肉面馆工作，后调入鸿宾楼牛肉面馆。现任兰州牛肉拉面行业协会副会长、鸿宾楼餐饮部经理。他是兰州牛肉面第五代传承人，从事牛肉面工作已 36 年，工作中精益求精，不断在经营理念、服务质量和提高品质上下功夫，为提升兰州牛肉面文化形象作出了贡献。他先后荣获“甘肃烹饪大师”“兰州市首届突出贡献高技能人才奖”。

马有布（1955—），回族，兰州市人。1983 年，他在兰州永昌路开设了第一家牛肉面馆。为了弘扬兰州牛肉面文化，传承其核心传统技艺，他始终坚持亲自把控配料、兑汤、煮肉等牛肉面核心秘方工序，并不断研究优化技艺，既持续提升品牌品质，更让其品牌牛肉面形成了汤鲜味浓、香气宜人的独特风味。1992 年，中央电视台六集电视剧《牛肉面的故事》的场景就选定了马有布牛肉面店。“金城正宗”成为马有布牛肉面馆的招牌。1993 年，马有布牛肉面入选首批“中华老字号”。

吾穆勒（1962—），名张煜，回族，兰州市人。1989 年，他开始做起牛羊肉生意。1992 年，在兰州东方红广场南口开了家“吾穆勒蓬灰牛肉面”。2002 年，因为广场南口的店面拆迁，面馆搬迁到了黄河北。2010 年，又从黄河北搬到北滨河路安宁段。其位置越搬离市中心，生意却越好，来他店里吃牛肉面的客人来自五湖四海。“吾穆勒蓬灰牛肉面”是继马子禄牛肉面之后，兰州的又一张亮丽名片。随着名气越来越大，上门谈加盟的人也越来越多，但吾穆勒都婉言谢绝了。他说，挣加盟费容易，保护品牌难。为了保持兰州牛肉面的原汁原味，“吾穆勒蓬灰牛肉面”坚持不开放加盟，全力维护自己的品牌信誉。

以上介绍的 10 位兰州牛肉面制作技艺代表性人物，均对兰州牛肉面文化有着深刻理解，是正宗兰州牛肉面传统制作技艺的守护人。他们的共同之处有两点：都是兰州人，都有长期从事兰州牛肉面工作的实践经验和良好声誉。兰州牛肉面制作技艺是无形的，其技巧、技艺存在于操作者身上，不是用文字记录下来就能做好的。因此，政府要特别重视保护兰州牛肉面传承人，他们是兰州牛肉面文化的特殊贡献人物，是“兰州之宝”。

五、结语

兰州牛肉面代表了兰州这座城市，是舌尖上的口碑，让这座城市有了味道；兰州牛肉面代表了兰州这座城市，是地域文化的显现，让这座城市有了精神标志。有了前辈马保子、马杰三留下的文化遗产，有了马学明、马文斌、马利民、张自强、马有布、吾穆勒、马汀这样一批认同历史、匠心独具、心系传承的牛肉面人，兰州牛肉面的历史与文化将被永远讲述……

2. 走向海内外的步伐不断加快

随着兰州牛肉面市场知名度的持续提升，它的名气也飘向海外，走向世界的步伐不断加快。兰州牛肉面“生”在兰州，“长”于全国，“香”飘世界。

兰州牛肉面的海外扩张并非简单的品牌输出，而是全产业链的精准复制。为了确保海外顾客品尝到正宗的味道，兰州牛肉面采用“秘方订单”模式——将原产地的优质面粉、牛肉、香料甚至拉面师，打包输送至全球门店。从汤底熬制到面条抻拉，每一步都严格遵循传统工艺，让远在异国的食客也能感受到最地道的兰州风味。

金味德兰州牛肉拉面通过研学、培训、扶持创业等方式
创立海外兰州牛肉拉面研学体验培黎工坊

2017 年 8 月 22 日，兰州牛肉拉面行业协会副会长单位马子禄牛肉面在东京都千代田区神田神保町的牛肉面馆开业，这是兰州老字号牛肉面馆首次走向国外，成功开店。

面馆的开业在当地引起了很大的反响，受到日本民众追捧，中央电视台等海内外媒体通过网络进行了报道。

03 | 兰州晚报 2017年8月24日 星期四

重点

日本店长三次来兰拜师学艺感动"马子禄"第三代传人

"马子禄"牛肉面"拉"到东京

8月22日，拥有百年历史的中华老字号"马子禄"牛肉面"拉"到了日本东京，在东京都千代田区神田神保町开业，受到日本民众追捧，面馆前排起了长队，连续两天下午三点即售罄。

日本拉面盛名远播，兰州牛肉面缘何如此受青睐？"马子禄"走出国门又有着什么渊源？两天来，记者通过采访"马子禄"第三代传人马汀，并微信连线"马子禄"特派日本技术指导张黎明，以及为牛肉面落户日本牵线搭桥的日本甘肃同乡会首任会长黎远宁先生，为读者梳理出了"马子禄"牛肉面"拉"到东京的故事。

清野烈在拉面

① 讲述 三代人接力创下"中华老字号"

说起"马子禄"牛肉面，兰州人不陌生，一些外地游客也都慕名而来。因为，大家都想尝一尝"中华老字号"的味道，"马子禄"牛肉面是目前为止兰州唯一一个被授予"中华老字号"的牛肉面馆。

昨天，记者来到位于大众巷的"马子禄"牛肉面总店时，一楼大厅排着长队，后堂里年轻力壮的拉面师先将大团软面反复摔、揉、抻、拉、摔、揉后，将成长条，揪成茶杯粗、筷子长的一条条面节，然后随顾客的爱好，拉出"二细"、"韭叶"、"大宽"、"毛细"等粗细不同的面条。拉面师的一拉一抻就像杂技演员在表演，让外地游客不可思议。董事长马汀在打理生意的空隙，接受了记者的采访，讲述了一段鲜为人知的故事。

"据史料记载，民国初期兰州只有约十万人口，兰州牛肉面正是起源于这个年代。当时，马保子始创'清汤'做法，突出一个'清'字，汤以牛、羊肚子的汤加一定比例的牛肉汤经澄清后使用，其味清香扑鼻；马福德独创了'浓汤'做法，其汤香气浓郁，回味醇厚。"马汀说。

开业仪式

② 诚意

马汀是马子禄的孙子，也是"马子禄"牛肉面的第三代传人。他坦言，牛肉面市场的竞争日益激烈，面对来势凶猛的后起之秀，他这个年轻的董事长颇感压力。"我不能仗着'中华老字号'看别人快速发展，自己原地踏步。"正是因为这样的危机感，马汀决定

③ 牵线 让牛肉面为兰州代言

黎远宁，甘肃兰州人，1986年东渡日本，现在日本东京经营一家贸易公司，是日本甘肃同乡会主要创始人之一，首任会长。说起这次为牛肉面走出国门牵线搭桥的经历，他说，"兰州牛肉面是伴随我成长的食品。后来在外地上学、工作，永远忘不了这一碗面。到日本工作后，每次带日本客商到甘肃考察时，必定首先推荐兰州牛肉面。"

日本是拉面大国，品种繁多，品牌如雨后春笋般涌出，竞争相当激烈。但在黎远宁看来，兰州牛肉面的独特口味自有其客源。另外，旅居日本的华人华侨大约有百万人左右，其中居住在东京的占到一半，加上赴日旅游的中国游客，这些华人华侨和观光客就是最快的传播媒体，所以相信牛肉面在日本市场有很大的潜力。另一方面，兰州牛肉面走出国门，已经不是卖面，而是以面为载体，宣传兰州的历史和文化。"马子禄"牛肉面在日本开业，其深远意义在于推进中华文化的渗透力，也是促进日本参与"一带一路"倡议的直接信号。小碗转大球，必将为今年中日邦交正

店门口的广告牌

张黎明，兰州马子禄牛肉面有限

《兰州晚报》对兰州老字号牛肉面馆走出国门的相关报道

如今，在美国、加拿大、英国等地的兰州牛肉拉面店里，越来越多"洋面孔"拉面师熟练地揉面、拉面，成为独特的风景。"这碗面"已不仅是美食，更成为连接不同文化的纽带。

3. 行业发展硕果累累

2017 年 11 月 10 日，兰州牛肉拉面行业协会率 20 余家兰州牛肉拉面品牌企业赴北京参加 2017 中国民族餐饮发展论坛暨中国烹饪协会清真委员会成立 20 周年庆典。在论坛现场，行业内专家、学者齐聚一堂，围绕新时代民族餐饮在“一带一路”中的产业发展展开热烈讨论。

在庆典现场，来自兰州市的 15 家兰州品牌企业和 19 名优秀企业家荣登中国清真餐饮 20 年先进单位和个人榜单。

2017中国民族餐饮发展论坛参会人员合影

2017 年 12 月 28 日，兰州牛肉拉面行业协会第三届四次理事会召开，百余家会员单位共同回顾 2017 年兰州牛肉拉面行业发展的历程，畅谈 2018 年兰州牛肉面发展路径。

兰州牛肉拉面行业协会第三届四次理事会现场

兰州牛肉拉面行业协会为会员单位授予的牌匾

2018年4月20日，由兰州市委宣传部、新华社甘肃分社、兰州牛肉拉面行业协会主办的兰州牛肉拉面产业提升调研活动在兰州启动。兰州市委常委、宣传部部长王宏出席启动仪式并致辞。

此次调研活动中，来自商务部国际贸易经济合作研究院、世界中餐业联合会、中国烹饪协会、中央民族大学经济学院、甘肃省政府文史馆、新华社甘肃分社、兰州牛肉拉面行业协会等单位的专家学者以及业内人士就兰州市"如何打造具有地域特色的牛肉面产业，并通过牛肉面品牌塑造城市品牌形象""如何提档升级、在同业竞争中脱颖而出""如何推动西北文化与美食相结合"等主题建言献策、各抒己见。

兰州牛肉拉面产业提升调研座谈会现场

2018年5月29日，中国烹饪协会在北京召开中国餐饮行业改革开放40年纪念大会，商务部服务贸易和商贸服务业司、中国商业联合会相关领导出席并致辞。

这次大会以改革开放40年为契机，以“改革开放再出发”为主题，总结了中国餐饮业改革开放40年的辉煌成果和发展经验，向40年来拼搏奋斗在餐饮行业的中国餐饮人致敬。兰州金鼎饮食管理有限公司作为甘肃省餐饮业唯一荣获“改革开放40年中国餐饮行业老字号新辉煌企业”荣誉称号的企业赴北京领奖。

中国餐饮行业改革40年纪念大会获奖人员合影

2018年11月29日，兰州牛肉拉面行业纪念改革开放40周年暨兰州牛肉拉面行业协会15周年庆典在兰州市举行。来自甘肃省商务厅、甘肃省市场监督管理局、兰州市商务局、兰州市食品药品监督管理局、兰州牛肉拉面行业协会会员单位等单位的300多人参加了会议，共商新时代兰州牛肉拉面行业发展大计。

这次会议表彰了“标准化示范店”50家、“行业优秀企业”12家、“最具潜力连锁企业”13家，“突出贡献人物奖”36位、“终身成就奖”1位。对首期兰州牛肉拉面行业诚信服务、质量提升、助力扶贫、创业创新培训班合格学员402人颁发了“兰州牛肉拉面继续教育结业证书”。

兰州牛肉拉面行业纪念改革开放40周年庆典活动现场

2019年9月11日，兰州牛肉拉面行业协会组织全体人员赴上海爱国主义教育基地参观中共一大会址，开展“迎国庆、牢初心、强党性、奔征途”主题教育，旨在进一步落实中央和省委“不忘初心、牢记使命”主题教育第一批总结暨第二批部署会议精神，强化“全心全意为人民服务”意识，在全行业里形成人人不忘初心、牢记使命，进一步推进兰州牛肉拉面产业扶贫和服务兰州市经济发展的新任务、新要求。

兰州牛肉拉面行业协会会员参观中共一大会址

2020 年 4 月 10 日，兰州市政府、甘肃省商务厅、兰州市商务局为数家牛肉面企业颁发“金城老字号”牌匾。截至目前，鸿宾楼牛肉面、兰清阁牛肉面、马有布牛肉面、马有才牛肉面、苍鹰牛肉面、陈作林陈记牛肉面、穆斯林涮羊肉、清雅居羊肉泡馍均入列“金城老字号”。

相关领导参观“金城老字号”企业文化展区

相关领导为“金城老字号”企业授牌

2020年8月18日，兰州牛肉拉面行业协会第四届会员代表大会举行。大会听取了上届理事会工作报告，通过了各项制度，选举产生了新一届理事、监事和领导班子。马利民当选为新一届兰州牛肉拉面行业协会会长。

兰州市商务局副局长刘志强对兰州牛肉拉面行业协会近年来的发展给予高度肯定，并对新一届理事、监事和领导班子表示祝贺，希望兰州牛肉拉面行业协会继往开来，做好兰州形象的金字招牌。

兰州牛肉拉面行业协会会长马利民表示，将以“继承、弘扬、繁荣、发展”为指针，在省市政府相关部门的领导下，发挥协会的主导作用，团结和带领会员推动兰州牛肉拉面的发展和产业化进程，使兰州牛肉拉面这一地方餐饮品牌发扬光大。

兰州牛肉拉面行业协会第四届会员代表大会现场

2021 年 4 月 1 日，兰州牛肉拉面行业协会的下设分支机构——兰州牛肉拉面产业委员会在兰州成立。兰州市商务局副局长刘志强，兰州牛肉拉面协会会长马利民及兰州牛肉拉面产业链企业和会员单位负责人参加会议。

兰州牛肉拉面产业委员会是在国家加快服务业发展的战略背景下成立的，其成立标志着兰州牛肉拉面行业发展进入一个新的起点，在牛肉拉面产业化进程中起到重要作用。通过充分发挥兰州牛肉拉面行业协会的能动性，发挥兰州牛肉拉面产业委员会骨干企业各领域的特有优势，加强国内外、行业内外的广泛交流与合作，可促进兰州牛肉拉面的产业化发展进程，实现快速高质量发展。

兰州牛肉拉面产业委员会成立大会现场

2023 年 7 月 6 日，商务部相关领导一行赴兰州老字号牛肉企业鸿宾楼进行调研。甘肃省商务厅副厅长邹军、相关处室负责人，兰州牛肉拉面行业协会会长马利民陪同调研，参观了兰州牛肉面历史文化展区。

商务部相关领导在调研中参观兰州牛肉面历史文化展区

2023 年 8 月 20 日，兰州牛肉拉面行业协会成立 20 周年庆祝大会在兰州举行。甘肃省人大常委会原副主任陈克恭，甘肃省人大常委会秘书长张建昌，甘肃省商务厅原副厅长、一级巡视员任福康，兰州市政协原副主席王建中，兰州市商务局副局长刘志强，兰州市政协法制委员会原主任杨继良，中国烹饪协会副会长、兰州牛肉拉面行业协会会长马利民，甘肃省烹饪协会秘书长周建娟以及兰州牛肉拉面行业协会各会员单位、产业链企业和新闻媒体等相关人员 500 余人参加会议。

这次大会回顾了兰州牛肉拉面行业协会 20 年的发展历程，并表彰了协会成立 20 年来的百名优秀企业家、百名优秀拉面师和百家优秀企业。

兰州牛肉拉面行业协会成立20周年庆典启动仪式

兰州牛肉拉面行业协会会长马利民在协会成立20周年庆祝大会上致辞

兰州牛肉拉面行业协会成立20周年庆祝大会现场

2024年5月10日，兰州市市场监督管理局指导兰州牛肉拉面行业协会将“牛头图形”普通商标进行了多类别补充注册。目前,“牛头图形”普通商标可在第11类（煮拉面用电动炊具）、第16类（纸巾、纸袋包装等）、第21类（碗、瓶、调料瓶等）、第25类（工装、服装等）、第29类（肉汤、牛肉、冻干肉等）、第30类（预包装面食、调料）、第35类（广告宣传等）、第39类（货运包装）、第41类（教育培训、大型会议等）等产品或领域使用。兰州牛肉拉面行业协会研究制定牛肉拉面“‘牛头图形’+企业自主商标”双商标管理使用规则，不断扩大“牛头图形”区域公共品牌商标社会知名度。

兰州牛肉拉面制作技艺是国家级非物质文化遗产代表性项目。一碗面，一座城，走进正宗兰州牛肉拉面的故乡，每一碗面都是原汁原味的馈赠。如今，这碗牛肉面已经有12种花样，好吃、好看，代言兰州。2024年6月18日，“中国式现代化的万千气象”网络名人甘肃行的全国网络名人走进兰州，探秘金城十二面，展示兰州牛肉面制作技艺。金城十二面，面面有寓意，个个有风味，“面面俱到”。

2024年12月2日，中国·兰州牛肉拉面IP指数在2024企业家博鳌论坛系列活动之一的“新华指数赋能高质量发展2024主题年会”上正式发布，以数字语言凝练产业发展经验，量化品牌建设成效，助力兰州文旅融合发展。在活动现场，兰州黄河生态旅游开发集团进行兰州黄河文旅推介，介绍兰州牛肉拉面的文化内涵，讲述“兰州故事”。

2025年4月4日，工业和信息化部发布首批中国消费名品名单，兰州牛肉拉面作为区域品牌榜上有名。首批中国消费名品包括93个企业品牌和43个区域品牌，其中，区域品牌聚焦地方特色优势产业，分布在全国25个省份，兰州牛肉拉面是136个入选品牌中唯一的面食品类。

2025年6月4日，工业和信息化部发布首批传统优势食品产区和地方特色食品产业重点培育名单，明确发展方向和培育优先级，助力打造“百亿龙头、千亿集群、万亿产业”的地方特色食品发展格局；将持续开展传统优势食品产区和地方特色食品产业重点培育工作，指导各地因地制宜加快形成特色产业优势，营造“百花齐放”的产业发展格局，促进食品产业高质量发展。兰州牛肉拉面列为其首批39个重点培养项目之一，也是甘肃省唯一入选的项目。

百年以来，历经时代变迁、岁月沉淀，兰州牛肉面这碗看似普通的面食，已然升华为兰州的城市名片。它带着经营者、工匠们付出的辛勤汗水，带着有关部门、社会各界给予的关注与支持，赢得了无数食客的青睐，不仅在国内广受赞誉，更是带着兰州这座城市的独特烙印，在世界各地大放异彩。它以国家级非物质文化遗产代表性项目的精湛技艺震撼海内外食客，凭借其鲜美的汤汁和筋道的面条，成功俘获全球食客的味蕾。兰州牛肉拉面不仅是一种美食，更是一种文化的代表，通过全球传播，促进了文化的交流与理解，让人们记住了兰州。

第四章

搭上产业化发展的快车

一、打好“三张牌”，实施“五大”行动

进入2024年，在兰州市委、市政府的高度关注和大力支持下，兰州牛肉面聚焦产业化发展方向，整合资源，协调力量，紧盯预包装精准发力，线上线下全面开花，产业化发展迈上一个新台阶。

兰州牛肉拉面历经百年传承、创新、发展，已成为享誉全国的特色美食和兰州标志性的城市名片，具有很高的品牌价值、经济价值和文化价值。未来的发展方向就是秉持开放包容理念，尊重发展趋势和规律，打好系列“组合拳”，以更大力度、更实举措推动兰州牛肉拉面产业高质量发展和品牌价值跃升。

为深入贯彻落实强省会行动和纵深推进1139工作部署，兰州市第一次把兰州牛肉面的产业化发展上升到了全市工作的高度，按照打好“产业牌、文化牌、创新牌”和建立“目标体系、工作体系、政策体系、责任体系、评价体系”五大体系的工作要求，积极构建兰州牛肉拉面市场发展新格局。

2024年3月6日，甘肃省委常委、兰州市委书记张晓强主持召开兰州市委专题会议，研究推进兰州牛肉拉面产业高质量发展工作。兰州市政协主席王宏，市委副书记、统战部部长张泽武参加会议。

张晓强指出，要着力打好“三张牌”，不断提升兰州牛肉拉面产业核心竞争力。打好“产业牌”，积极学习借鉴外地成功经验做法，坚持“远谋近干”，研究制订三年行动计划，注重实体店推广与预包装拓展双线并行，加快推进强品牌、强质量、强标准工作，不断强链延链补链，推

兰州电视台“兰州新闻”栏目的相关报道

动平台建设和电商发展，精心培育更多经营主体，努力以“一碗面”为牵引打造千亿产业集群。打好“文化牌”，深入挖掘兰州牛肉拉面深厚的文化底蕴与人文历史，加强市场营销策划和产品推介，讲好兰州牛肉拉面故事，努力以“一碗面”赋能兰州文旅融合高质量发展。打好“创新牌”，坚持科技创新引领，推动生产工艺迭代升级，加大人才培养力度，切实在传承和创新中把“一碗面”发扬光大，成为拉动全市经济社会高质量发展的富民产业。

2024 年 5 月 27 日，甘肃省委常委、兰州市委书记张晓强参加“市委书记倾听委员之声”兰州牛肉拉面产业高质量发展专题协商座谈会，与部分兰州市政协委员面对面交流，听取意见建议。兰州市政协主席王宏主持会议，市委副书记、统战部部长张泽武参加会议。在听取大家发言后，张晓强指出，推动兰州牛肉拉面产业高质量发展，对于做大做强做优兰州特色产业带动富民增收、保护传承国家级非物质文化遗产和提升城市知名度、美誉度都具有重要意义。要深入学习贯彻习近平总书记对甘肃重要讲话重要指示批示精神，坚持问题导向，强化系统观念，打好产业牌、文化牌、创新牌，积极构建目标体系、工作体系、政策体系、责任体系、评价体系，致力打造千亿大产业，持续擦亮城市金名片，为加快推进强省会行动、建设新时代美丽兰州注入新动能。

“市委书记倾听委员之声”兰州牛肉拉面产业高质量发展专题协商座谈会现场

2024 年 12 月 19 日，兰州牛肉拉面产业高质量发展大会召开，甘肃省委常委、兰州市委书记张晓强出席并讲话。

张晓强强调，要凝心聚力打好产业、文化、创新“三张牌”，加快打造千亿大产业，持续擦亮城市金名片，努力以“一碗面”“拉”出幸福兰州新画卷。兰州市政协主席王宏主持会议，市委副书记、统战部部长张泽武出席会议。

兰州牛肉拉面产业高质量发展大会现场

张晓强指出，推动兰州牛肉拉面产业高质量发展，既是惠民富民乐民之举，也是兴文兴业兴市之策，对于做大做优做强兰州特色产业带动富民增收、促进文化遗产保护传承和提升城市知名度、美誉度具有重要意义。

全市上下要进一步深化思想认识，切实增强推动兰州牛肉拉面产业高质量发展的使命感、责任感，努力以“一碗面”“拉”出群众致富新路子、“拉”出兰州文化自信新高度、“拉”出兰州城市品牌新天地。张晓强强调，推动兰州牛肉拉面产业高质量发展，要坚持工业化理念、产业链思维，深入实施好“五大行动”。

一要实施全产业链聚集行动，培育一批本土龙头企业，打造一批高能级园区平台，引进一批产业链、供应链上下游企业，建设一批原材料供应基地，推动兰州牛肉拉面产业集群化发展。

二要实施标准化品牌建设行动，坚持强品牌、强质量、强标准，加强企业自主商标+公用注册商标的双品牌商标管理，积极推进地理标志商标培育，加快构建全产业链标准体系，不断放大兰州牛肉拉面品牌效应。

三要实施多元化市场开拓行动，支持实体门店建设，开拓国内国际市场，打造网上“产业集聚区”，推动预包装产品进展会、进商超、进景区、进枢纽、进社区、进食堂，不断完善兰州牛肉拉面销售市场布局。

四要实施科技创新引领行动，强化企业创新主体地位，通过产学研协作攻克一批产业核心技术与关键共性技术，培育壮大产业链人才队伍，激发兰州牛肉拉面产业发展新动能。

五要实施商文旅融合发展行动，打造美食体验文旅互动新品类，讲好兰州牛肉拉面故事，丰富宣传推介形式，用“舌尖”美味带动“脚尖”，把游客“流量”变为消费“增量”。

张晓强强调，各级各有关方面要加强统筹联动、落实支持政策、坚持群策群力、优化监管机制、放开胸怀格局，广大经营主体要融入产业强市、勇于开拓市场、扛起社会责任、确保质量安全、诚信守法经营，合心合力推动兰州牛肉拉面产业高质量发展行稳致远。

兰州牛肉拉面行业协会会长马利民在兰州牛肉拉面产业
高质量发展大会上发言

兰州牛肉拉面行业协会等在会上作了发言。大会集中签约了 14 个项目，涵盖预包装生产、连锁店开设、销售渠道拓展和产业战略合作等领域。

二、出台产业发展规划

为深入贯彻落实“打好产业牌、文化牌、创新牌”和建立“目标体系、工作体系、政策体系、责任体系、评价体系”五大体系的工作要求，积极构建兰州牛肉拉面市场发展新格局，2024 年 7 月 12 日，兰州市委副书记、市长刘建勋主持召开市政府常务会议，审议《兰州牛肉拉面产业高质量发展三年（2024—2026 年）行动方案》，部署相关工作。

兰州牛肉拉面是兰州市最具有代表性的传统美食，承载着深厚的文化底蕴与城市记忆，《兰州牛肉拉面产业高质量发展三年（2024—2026年）行动方案》更是有力助推牛肉拉面产业高质量发展的政策保障。各级相关部门要细化完善配套实施细则，重点围绕优质原料基地建设、特色产业集群培育、品牌效应提升等工作做好任务分解，按照不同时间节点完成相应任务量。要优化服务保障，为相关企业建立绿色通道，精简政务服务流程，针对企业发展中的痛点难点，实施“一企一策”跟进指导，着力解决企业融资、技术创新、市场拓展等实际问题，以良好环境护航企业发展，推动兰州牛肉拉面产业迈向新高度。

2024年8月13日，兰州市委、市政府研究出台《兰州牛肉拉面产业高质量发展三年（2024—2026年）行动方案》，这是兰州市针对兰州牛肉拉面首次出台全面、完整的产业支持政策体系。

《兰州牛肉拉面产业高质量发展三年（2024—2026年）行动方案》包括1个总体方案、9个涵盖兰州牛肉拉面全产业各个环节的配套方案和1个支持园区激励措施（简称“1+9+1”政策体系），围绕原材料保供、市场拓展、企业培育、科技创新、标准化、品牌化、文化赋能、税收、土地、人力资源支撑等方面都出台了相应的配套政策。

兰州市将打出政策组合拳，从增强优质原料保障能力、推动特色产业集群建设、拓展线上线下销售渠道、挖掘文化特色推动商文旅融合、强化标准引领提升品牌效应、深化科技创新赋能产业升级、加大人力资源保障力度7个方面部署27条重点工作，打好“产业牌”“文化牌”“创新牌”，全力护航兰州牛肉拉面产业发展。

2024 年 8 月 26 日，甘肃省人民政府新闻办公室组织召开新闻发布会，解读最新出台的《兰州牛肉拉面产业高质量发展三年（2024—2026 年）行动方案》。兰州市政府副市长靳芳表示，“1+9+1”政策体系是兰州市首次出台的牛肉拉面产业支持政策体系。

兰州市将按照“打好产业牌、文化牌、创新牌”要求，启动精彩纷呈的牛肉拉面主题活动，包括 3 个产业园区和省内外 20 个牛肉拉面店的系列宣传报道、举办中国兰州牛肉拉面产业招商推介活动、筹备沿黄九省区兰州牛肉拉面职业技能大赛和兰州牛肉拉面产业高质量发展大会、2024 年年底前完成 36 项地方标准和团体标准制定等工作，为兰州牛肉拉面产业发展保驾护航。

兰州市人民政府办公室
关于印发《兰州牛肉拉面产业高质量发展三年
(2024—2026年)行动方案》的通知

兰政办发〔2024〕128号

各县、区人民政府，市直有关部门，市属各单位，兰州新区、高新区、经开区、生态创新城管委会，市属各重点企业：

《兰州牛肉拉面产业高质量发展三年(2024—2026年)行动方案》已经市委、市政府同意，现印发给你们，请结合实际认真抓好贯彻落实。

兰州市人民政府办公室

2024年8月13日

印发《兰州牛肉拉面产业高质量发展三年（2024—2026年）行动方案》的通知

指导思想

· 以习近平新时代中国特色社会主义思想为指导，全面贯彻党的二十大和二十届历次全会精神，全面落实习近平总书记对甘肃、兰州重要讲话重要指示批示精神，以高质量发展为引领，坚持以“标准化、连锁化、产业化、国际化、数字化”理念推进兰州牛肉拉面全产业链高质量发展，不断提升兰州牛肉拉面产业核心竞争力，打造影响力强、美誉度高的城市金名片，回报习近平总书记对兰州牛肉拉面的亲切关怀和殷切希望。

基本原则

· 因地制宜，突出特色　市场主导，统筹推进
· 园区引领，集聚发展　保障安全，服务人民

总体目标

· 到2026年底，力争兰州牛肉拉面预包装企业累计达到50家以上，规上企业（限上）累计达到10家以上，营业收入达100亿元以上，带动全产业链销售收入400亿元以上；实体门店累计达到10000家以上，其中海外1000家以上，省内外9000家以上，营业总收入600亿元以上。

工作任务

· 增强优质原料保障能力
· 推动特色产业集群建设
· 拓展线上线下销售渠道
· 挖掘文化特色推动商文旅融合
· 强化标准引领提升品牌效应
· 深化科技创新赋能产业升级
· 加大人力资源保障力度

保障措施

· 加强组织领导　强化法治保障
· 保障企业用地　加强财税金融支持
· 汇聚社会合力　优化营商环境
· 加强统计监测　开展绩效评价

十大方案

· 拓市场工作方案　原材料保供工作方案
· 壮大产业规模工作方案　科技创新工作方案
· 标准化品牌化工作方案　文化赋能工作方案
· 用地保障工作方案　税收支持工作方案
· 人力资源保障工作方案　支持树屏园区激励措施

《兰州牛肉拉面产业高质量发展三年（2024—2026年）行动方案》

三、形成联动发展机制

为了促进各项工作全面、有序推进，兰州市委、市政府进一步加强了对兰州牛肉面产业发展工作的组织领导，建立了兰州牛肉拉面产业高质量发展协调推进工作机制，下设办公室、产业工作专班、文旅工作专班、创新工作专班等“一办三班”，统筹推进兰州牛肉拉面产业发展各项工作。

总体工作由兰州市委常委、市政协主席王宏牵头负责，兰州市分管副市长、市政协副主席分工负责，兰州市委宣传部、商务局、工业和信息化局、科技局、农业农村局、市场监管局、合作交流办、金融办等相关部门按照各自的职责通力配合，形成了部门协同、职责明确、分工负责、相互配合、聚焦目标、共同发力的工作格局。

将制定出台《兰州牛肉拉面产业发展条例》，明确兰州牛肉拉面的定义、特征、分类等基本概念，制定质量、技术、卫生等标准，建立监督管理制度，提供发展政策，为兰州牛肉拉面高质量发展提供法治保障。

汇聚社会合力，培育成立兰州牛肉拉面产业链发展联盟和兰州牛肉拉面预包装产业发展协会，申办兰州牛肉拉面产业发展研究会等社会组织，探讨解决行业发展瓶颈问题，研究产业发展方向，共谋行业发展。

优化营商环境，深化“放管服”改革，成立预包装兰州牛肉拉面生产企业（项目）工作专班，实施“一企一策”跟进指导，依托“陇商通”等平台，建立绿色通道，对企业诉求，实行专人负责制，为企业提供优质服务。

2024 年 4 月 22 日，兰州牛肉拉面产业高质量发展协调推进工作机制第一次会议召开。会议传达兰州市委专题会议精神，对协调推进各项工作进行部署。兰州市政协主席王宏主持会议并讲话。兰州市委常委、宣传部部长刘伟红，副市长靳芳，政协副主席高永健等出席会议。

这次会议强调，要打好“产业牌”，培育龙头企业，建设产业园区，推进兰州市内实体门店的改造提升，推动兰州市外实体店的布局扩张，做精做细产业培育。要打好“文化牌”，大力发展牛肉拉面文化，开展丰富多彩的文旅活动，加大宣传力度，做好正面宣传，充分发掘牛肉拉面的深厚文化底蕴。要打好“创新牌”，用好集体商标，力争地理标志，建立健全标准体系，持续加大技术创新，加大人才培养力度，提升质量安全保障能力，“实打实来推动”兰州牛肉拉面产业高质量发展。

兰州牛肉拉面产业高质量发展协调推进工作机制第一次会议现场

2024 年 10 月 31 日，按照兰州市委提出的打好兰州牛肉拉面“产业牌、文化牌、创新牌”要求，为更好地规范和提升兰州市牛肉拉面堂食门店的服务质量和管理水平，满足游客高质量、高品位品尝兰州牛肉拉面的体验需求，兰州市商务局、市场监督管理局、文化和旅游局以及兰州牛肉拉面行业协会联合制定并下发了《兰州牛肉拉面商文旅融合精品店评价办法（试行）》。

甘肃省市场监督管理局依据相关法规与标准，制定《兰州牛肉面生产许可审查细则》（2023 版），2023 年 10 月 1 日起施行。该细则明确预包装兰州牛肉面生产许可审查适用范围，要求企业生产环境、厂房设施等符合规定，按工艺流程布局，便于卫生管理及清洗消毒；原辅材料与包装材料须符合国标、行标及相关规定，严禁使用非食品原料加工。

兰州市商务局积极推进产业链供应链招商，2024 年 7 月初举办相关推介暨签约活动，签约 54 个项目，涵盖海外拓展、预包装销售、园区建设等。市场拓展方面，兰州市内力争新增门店 100 家以上，甘肃省外新增连锁门店 3000 家以上，海外新增 100 家以上。同时，开展“六进行动”，力争参加展会 10 个以上，预包装产品入驻省内外商超 5000 家以上、3A 级以上景区新增 40 个以上、交通枢纽 2500 家以上、社区相关场所 1 万家以上、全国企事业单位及高校食堂 3000 家以上。

兰州市文化和旅游局围绕“品牌国际化、体验场景化、传播数字化”目标，多维度推动产业升级与文化传播。通过跨界融合，创作改编《兰州味道》等主题文艺作品，提升品牌内涵；在黄河文化旅游节等活动中植入拉面元素，邀请专家、网红打造沉浸式传播场景，提升国际影响力；梳理拉面历史文化，举办非遗代表性传承人培训班及文化研讨班，以“一碗面”讲好“一座城”的故事。

兰州市商务局
兰州市市场监督管理局
兰州市文化和旅游局
兰州牛肉拉面行业协会
关于印发《兰州牛肉拉面商文旅融合精品店评价办法（试行）》的通知

兰商字〔2024〕184号

各县区商务局、市场监管局、文旅局：

按照市委提出的打好兰州牛肉拉面“产业牌、文化牌创新牌”要求，为更好地规范和提升我市牛肉拉面堂食门店的服务质量和管理水平，满足游客高质量、高品位品尝兰州牛肉拉面的体验需求，制定了《兰州牛肉拉面商文旅融合精品店评价办法(试行)》(详见附件)。现印发给你们，请结合实际认真组织实施。

各县区商务局、市场监管局、文旅局和行业协会要加大宣传力度，做好政策解读，引导牛肉拉面企业通过自愿报名并报经所在县区商务局、市场监管局、文旅局联合组织推荐进行申报。于11月10日下午5点前将本县区“兰州牛肉拉面商文旅融合精品店”推荐表(附件2)电子版和加盖公章的纸质版扫描件发送至swjsmc@163.com。评价工作中的有关情况和问题，请及时与兰州市商务局联系。

附件：1.兰州牛肉拉面商文旅融合精品店评价办法(试行)
2.兰州牛肉拉面商文旅融合精品店推荐表

兰州市商务局　　兰州市市场监督管理局

兰州市文化和旅游局　　兰州牛肉拉面行业协会

2024年10月31日

印发《兰州牛肉拉面商文旅融合精品店评价办法（试行）》的通知

四、推动产业园区建设

随着时代发展，便捷安全的预包装食品需求激增。为推动兰州牛肉面“走出去”，须守正创新，探索工业化路径，建设产业园发挥集聚效应，突破堂食限制，助力企业壮大。

在政府引导、协会支持和社会各界参与下，兰州牛肉拉面产业园建设起步发展。兰州树屏牛肉面产业园位于兰州市永登县树屏镇的食品产业园内，为“园中园”模式，2020年由兰州市商务局牵头，占地8万平方米，生产多品类预包装拉面及相关配料，建设供应链并进行代加工，形成完整产业链。

兰州五犟牛肉面文化产业园位于兰州新区，含食品加工厂、双创培训孵化基地等设施。其食品中央工厂已投用，有年产5040万份面饼、3600万桶及300万盒拉面的生产线。

兰州牛肉面产业园区建设

五、完善供应链体系

强龙头、补链条、聚集群，牛肉拉面上下游产业链企业快速聚集。为了建立稳定的兰州牛肉面行业原材料供应链体系，有效降低企业运营成本，提升运营质量，2023 年 5 月 12 日，中国烹饪协会副会长、兰州牛肉拉面行业协会会长马利民率 60 余家牛肉面企业负责人，深入位于兰州新区的益海嘉里（兰州）粮油工业有限公司实地调研。调研团分别走进油脂、面粉生产线，深入了解面粉、油品加工生产流程，思考双方后续的合作方向。

兰州牛肉拉面行业协会会员与益海嘉里（兰州）粮油工业有限公司座谈交流

2023 年 11 月 10 日，中国烹饪协会副会长、兰州牛肉拉面行业协会会长马利民带领牛肉面企业负责人一行赴甘肃陇上椒农业科技（集团）有限公司调研。甘谷县委常委、统战部部长，县政协党组副书记王见学陪同调研并主持座谈会。甘谷县副县长、工商联主席霍艳平，县科技局党组书记马俊吉和县政府有关部门负责人参加调研。

当天，调研团分别走进甘肃陇上椒农业科技（集团）有限公司和甘谷县辣椒红了农民专业合作社，认真听取企业发展方向及产业规划，深入了解甘谷辣椒、花椒等加工生产流程，思考双方后续可合作方向。座谈会进行了战略合作协议签约。兰州牛肉拉面行业协会和甘肃海阿哥食品科技有限公司分别与甘肃陇上椒农业科技（集团）有限公司和甘谷县辣椒红了农民专业合作社签订了协议。

兰州牛肉拉面行业协会会员在陇上椒农业科技（集团）有限公司调研

2024 年 7 月 2 日，兰州电视台《兰州新闻》栏目推出“打好三张牌 打造千亿牛肉拉面产业”系列报道。在第一篇《强龙头 补链条 兰州吹响拉面产业图强“集结号”》中，介绍了兰州牛肉拉面产业发展及预包装兰州牛肉拉面的发展情况。

预包装企业向消费者介绍产品

预包装兰州牛肉拉面产品

2024 年 7 月 8 日，由中国烹饪协会、甘肃省商务厅指导，兰州市政府、市政协联合主办，兰州市商务局、兰州牛肉拉面行业协会协办的兰州牛肉拉面产业链供应链招商推介暨项目签约活动隆重举行。政府部门与行业翘楚、专家学者欢聚一堂共话兰州牛肉拉面产业发展。

兰州牛肉拉面行业协会、永登县政府等参会单位围绕兰州牛肉拉面产业发展、兰州牛肉拉面文化发展、兰州牛肉拉面产业项目推介等内容作了发言。活动现场进行了牛肉拉面技艺表演，师傅们精湛的拉面技艺赢得一众喝彩。

2024 年 7 月 19 日，兰州牛肉拉面产业学院成立大会暨市级高技能人才培训基地授牌仪式在兰州职业技术学院举行。

兰州市政协主席王宏，甘肃省人力资源社会保障厅副厅长何永强，兰州市人力资源社会保障局局长李灵祥，兰州市商务局局长杨荣广，兰州职业技术学院党委书记寇桂杰、院长宋贤钧，兰州牛肉拉面行业协会会长马利民，以及有关部门负责人、相关兰州牛肉拉面企业、兰州职业技术学院各院系代表共计 800 余人参加了仪式。

相关领导为兰州牛肉拉面产业学院揭牌

兰州牛肉拉面产业学院成立大会参会人员合影

2024 年 7 月 30 日，在兰州市商务局的指导与支持下，经兰州市民政局批准，在兰州举行兰州市牛肉拉面预包装产业发展协会成立大会。该协会吸纳兰州市 51 家产业会员企业，依托兰州牛肉拉面产业资源，通过开展政企、高校、科研协作，加强行业自律与交流，规范行业秩序、共享资源优势，推动技术创新与品牌建设；通过打好“产业牌”“文化牌”“创新牌”，进一步提升兰州牛肉拉面预包装产业创新力、凝聚力、竞争力，推动行业标准化体系建设，带动兰州牛肉拉面预包装产业有序、健康、稳步发展。成立大会选举产生了协会第一届领导班子、理事会成员及监事，为兰州牛肉拉面预包装产业发展协会揭牌并颁发证书。

2024年11月23日，兰州市商务局、兰州牛肉拉面行业协会组织召开兰州牛肉拉面高质量发展产品应用推介会。兰州市商务局副局长孙卫国，中国烹饪协会副会长、兰州牛肉拉面行业协会会长马利民，宁夏伊品调味食品有限公司总经理黄捍王，兰州市民族餐饮食品行业协会执行会长马光明，兰州市牛肉拉面预包装产业发展协会会长王小伟出席会议。

兰州市商务局副局长孙卫国在兰州牛肉拉面
高质量发展产品应用推介会上致辞

兰州牛肉拉面高质量发展产品应用推介会活动现场

第五章

任重道远前景辉煌

中华传统面食文化是中国饮食文化的重要组成部分，它反映了中华民族的历史变迁和社会发展，体现了中华民族的智慧和创造力，承载着丰富的历史意义和文化内涵，传承着深厚的历史底蕴和人文情怀，展现了中华民族的饮食智慧和审美情趣，成为集美食、艺术、文化和民俗于一体的综合性文化现象。

在全国各地丰富多彩、种类繁多、特色各异的面食品种中，兰州牛肉拉面以其独特的制作技艺、丰富的口感和深厚的历史文化底蕴独领风骚。“中国三大快餐之一”“中国十大面条”“中国十大名面”“国家级非遗项目 —— 兰州牛肉面制作技艺”…… 这些是外地人对它的认知，而之于兰州人，这碗面不仅开启了一天的生活，是难以割舍的情怀，更是萦绕心头的乡愁。从马保子始创的“热锅子面”，到如今遍布全球 60 余个国家和地区的产业版图，兰州牛肉拉面早已超越美食本身，成为文明对话的桥梁 ——它用一碗面的包容，让世界看见黄河的奔涌，触摸中华的脉搏。这看似简单的面食，实则是千年丝路的文化沉淀，是匠人精神的鲜活见证。

截至 2025 年，兰州牛肉拉面的产业版图已蔚为壮观。据不完全统计，兰州市内牛肉面馆达 3000 余家，甘肃省境内超过 6000 家，全国门店更是突破 8 万家，带动就业近百万人，行业及相关产业年产值近 4000 亿元；同时，兰州牛肉面走出国门，走向世界，在 60 多个国家和地区开设 1000 多家网点。兰州市 39 家牛肉面预包装企业带动全产业链销售收入超过 100 亿元。这碗小小的“牛大”，正延伸发展为集科研开发、技术培训、生产加工、物流配送、连锁经营于一体的庞大产业，在拉动相关行业发展、解决社会就业、助力乡村振兴、带动“一带一路”饮食文化“走出去”等方面发挥着举足轻重的作用，发展势头强劲，未来前景可期。

推动兰州牛肉拉面产业高质量发展，既是惠民富民乐民之举，也是兴文兴业兴市之策，对做大做优做强兰州特色产业、带动富民增收、促进文化遗产保护传承和提升城市知名度意义深远。这份发展动能，离不开多方协同的力量：在兰州市委、市政府的掌舵领航下，兰州市商务局等政府部门与社会各界同心协力，而兰州牛肉拉面行业协会恰是其中最坚韧的纽带——它在市政府“振兴牛肉面，树立新形象”的定位中应运而生，成立以来始终以服务政府、服务行业、服务社会为己任，在行业治理中定规立矩，在产业升级中穿针引线，早已成为连接政企、凝聚合力的枢纽，为产业行稳致远注入了源源不断的动能。

当前，随着“三张牌”战略的纵深推进、“五大行动”的落地生根，叠加惠企政策的持续赋能与 IP 指数的创新驱动，兰州牛肉拉面产业正站在新的历史起点。而兰州牛肉拉面行业协会，必将继续擎旗领航，以更精准的服务串联产业链条，以更开放的视野推动文化出海，以更扎实的举措赋能产业升级。它将带领全行业，让兰州牛肉拉面的故事跨越高山深海，让丝路烟火的醇香浸润世界角落；它将携手每一位从业者，把“这碗面”的匠心传承得更久，把这份产业的蓝图铺展得更宽。

在兰州牛肉拉面行业协会的凝聚与引领下，这碗承载着城市记忆与烟火温情的面，定会成为镌刻中国美食韵味、彰显兰州风骨的璀璨名片，让世界为这缕醇香恒久倾心，在时光的长卷上，续写属于中国味道、属于兰州力量的不朽传奇。

ISBN 978-7-5208-3585-5
9 787520 835855 >